NOUVELLE
CULTURE DU BLÉ

MOYENS

d'en augmenter les rendements de vingt pour cent

POUR LA FRANCE :

20,000,000 hectolitres — 400,000,000 francs

SANS DÉPENSES NOUVELLES

PAR X. PINTA (PRÈS ARRAS)

2ᵉ EDITION

ARRAS

IMPRIMERIE DE L'AVENIR — EUG. CARLIER ET Cⁱᵉ

1882

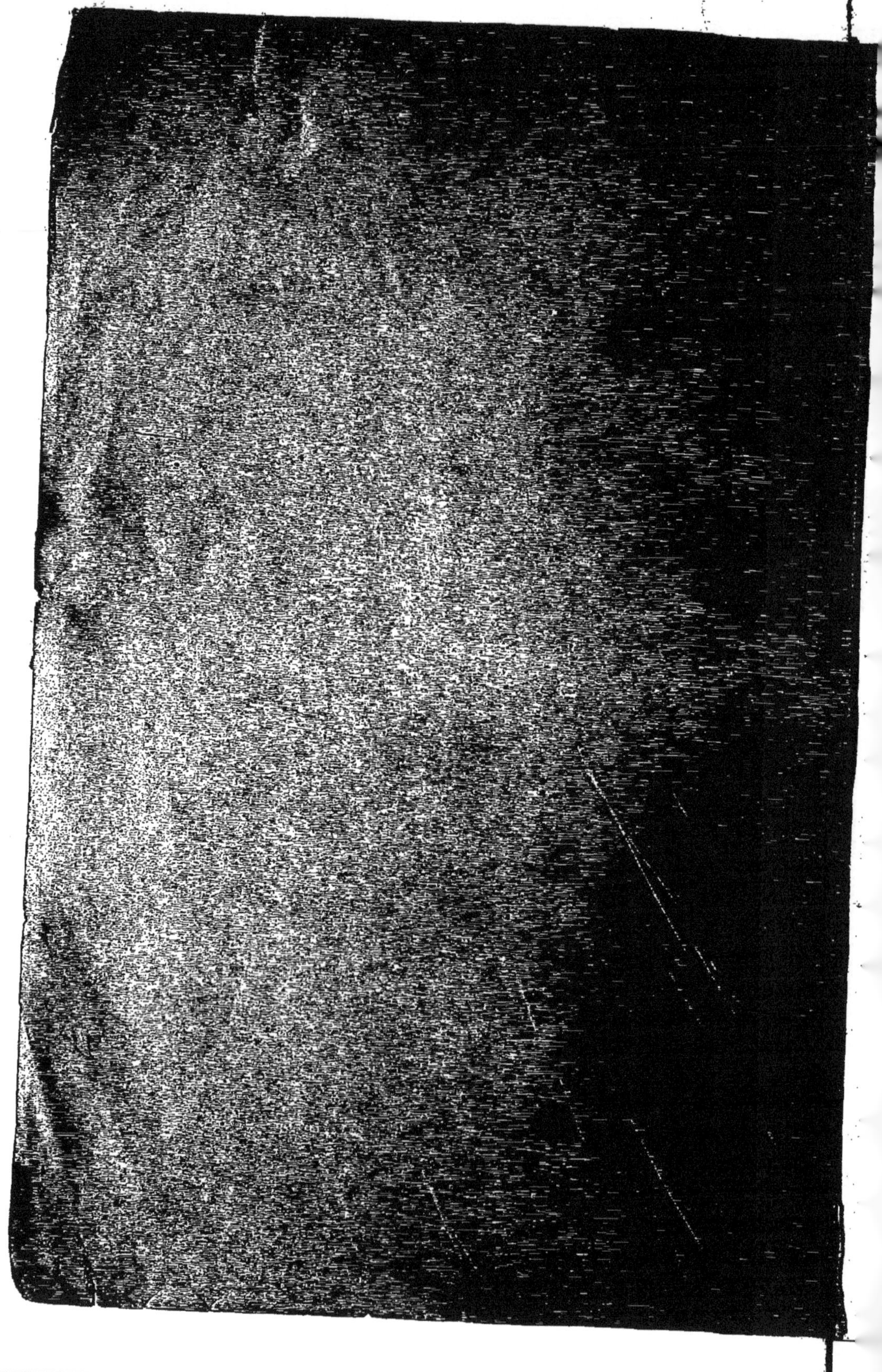

Culture nouvelle du Blé

26 Mai 1884.

RENDEMENT :

50 à 70 p^r °/₀ d'augmentation

en suivant la méthode

X. PINTA.

En appelant l'attention de nos Agriculteurs sur l'importance du fauchage du blé en vert, j'ai recommandé d'y procéder avec décision ; j'ai offert des exemples de différences de plus de dix hectolitres par hectare, selon que ce travail avait été exécuté plus ou moins hardiment.

Des personnes ont fait plus de cent lieues pour se rendre compte de la manière de procéder et s'assurer des résultats ; — d'autres m'ont fait leur demande par écrit.

Dès les premiers jours de ce mois, j'indiquai **la coupe des tiges à 0^m 10^c au-dessus du germe de l'épi ;** la saison s'avançant, il serait bon de la porter à 0^m 15^c. — Si on fend à l'aide d'un instrument bien tranchant les tiges les plus élevées d'un champ, l'épi s'offre bien apparent dans son fourreau ; on y ajoutera les 0^m 15^c indiqués ci-dessus, on aura la hauteur à laquelle les tiges doivent être fauchées. — Raccourcies, elles prendront de la rigidité, celles plus élevées, qui n'auraient donné que des épis peu serrés, des grains maigres, en fourniront dans de bonnes conditions ; celles qui n'auraient pas eu une végétation suffisante, auront une vigueur nouvelle ; on obtiendra ainsi une récolte uniforme (1), la verse sera moins à redouter.

Les personnes qui observent et s'occupent de la culture de la vigne saisissent parfaitement l'efficacité de cette opération.

J'insiste pour que l'on y procède encore cette année ; ces essais seront utiles pour des récoltes ultérieures.

M. J. Berne, propriétaire d'un domaine près de Nemours (Seine-et-Marne), est venu pour se rendre compte de mes essais ; de retour chez lui, il m'écrit que des blés qu'on y a fauchés le 1er de ce mois sont parvenus actuellement à la hauteur de ceux voisins qui n'ont pas subi ce travail.

M. Michel Perret, un de nos grands industriels, propriétaire dans la vallée de l'Isère, reconnue pour l'une des plus fertiles de France, nous est arrivé le 9 mai ; une portion de blé a été coupée devant lui le vendredi 9 mai, à 0^m 20^c du sol : il atteint ce jour, ses fanes relevées, 0^m 80^c ; donc, 0^m 60^c de repousse en dix-sept jours.

Je ne crois pouvoir faire mieux que d'indiquer les constatations faites, le 23 de ce mois, par MM. Richard-Maisonneuve, propriétaire-agriculteur

---

(1 Ma méthode consiste principalement à obtenir des grains *gros*, bien nourris.

dans la Charente-Inférieure ; Gibon. directeur des forges de Commentry ; Vasseur, négociant.

Fauchage le	En présence de MM.	Hauteur	Au	C'est-à-dire après	Pousses nouvelles
9 mai.	Michel Perret.	0m 20c.	23 mai,	14 jours.	0m 65c
13 mai.	J. Berne.	0m 20c.	23 mai,	10 jours,	0m 42c.

Pousse par 24 heures : un peu plus de 0m 04c.

Ces Messieurs avaient à se plaindre de mauvaises herbes qui nuisaient à leur culture ; de la verse, que le fauchage tendra à éviter. Les herbes proviennent souvent de labours profonds, qui ramènent des graines à la surface ; du manque de **façons superficielles répétées** à l'extirpateur, mieux au binot (charrue ronde), à donner à la suite de culture de céréales. pour n'exécuter qu'**un seul labour au versoir** (Dombasle) **peu de jours avant la semaille.** — Pour obtenir une augmentation de 50 à 70 pour 100 (soit 40) hectolitres en moyenne) en bonne terre **ordinaire.** il ne suffit pas, comme on le voit, de couper le blé en vert ; elle ne doit pas être trop saturée d'azote (1), la préparer suivant qu'il est indiqué dans ma *Culture nouvelle*, ne lui donner que 110 à 120 litres de grain, à l'aide d'un semoir ou sur rayons espacés de 24 à 28 centimètres. — On ne doit procéder à ce travail qu'après le 20 octobre et mieux en novembre.

J'avouerai que la contradiction m'effraye peu. elle m'a été utile. — Ces jours derniers, un grand industriel m'arrivait de Paris, il avait entendu préconiser la méthode de M Georges Ville, des personnes l'accompagnaient ; un débat assez vif s'engagea ; ces personnes durent nous quitter avant la fin des explications à donner. je les continue : M. Ville, recommandable par sa science comme par l'exposé brillant de sa méthode. a, selon nous. un grand tort : celui de faire dépenser à nos cultivateurs beaucoup d'argent ; il a cela de commun avec la plupart de nos chimistes et de nos professeurs d'agriculture ; il tient à ce qu'on achète des engrais, ce qui donne aux uns de beaux bénéfices, aux autres des analyses fort lucratives. —Nous sommes de l'avis des Chevreul. des Dumas, des Boussingault, des Barral, qu'il y a avantage à en user modérément, mais qu'il est sage de recourir au fumier, **qui ne coûte rien**, le bétail le donnant à nos cultivateurs, avec bénéfices en plus, pour ceux surtout qui sont connaisseurs et achètent bien leurs bêtes.

On ne saurait me contredire en cela.

Il y a 30 à 40 ans, nos cultivateurs. qui ne vendaient leur blé que 14 à 15 fr., la viande de boucherie que 50 à 55 c. le demi-kilog., étaient heureux, ils vivaient dans l'aisance. — En 1884, on vend le blé, en moyenne. 20 fr., la viande 1 fr., et nos pauvres cultivateurs. séduits par les promesses des marchands d'engrais, avec lesquels nos professeurs paraissent d'accord; se

(1) Dans les environs de Valenciennes, où les terres bien fumées sont d'excellentes qualités, les récoltes de blé laissent à désirer.

sont ruinés en contribuant à la fortune de ces marchands. —L'intérêt de l'agriculture, de la propriété m'oblige à mettre en évidence ces tristes vérités.
— On en est venu à demander des droits d'importation plus élevés sur les grains et sur les jeunes bêtes, alors que leur nombre diminue chaque année.

J'ai vu, dans le Soissonnais, des exploitations de plus de 100 hectares n'ayant pas une vache pour donner le lait, le beurre nécessaire à la famille, mais on y voyait deux hommes conduisant une charrue à laquelle quatre paires de bœufs, du prix de 5 à 6,000 fr., étaient attelés ; l'ensemencement d'un hectare en blé, 240 litres de grain compris, ne coûtait pas moins de 270 fr. ; — Dans d'autres contrées, un cheval, un mulet même, aurait fait meilleur travail, moyennant 50 fr.

Il est entendu que nous ne comprenons pas, dans ces frais, le fermage, non plus que les transports d'engrais, les dépenses pour récolte, battage, etc.

En présence de pareils faits, on cessera de s'étonner si on ne peut faire de bénéfices en vendant le blé 20 fr., la betterave, 20 fr. les 1,000 kilog, alors que je puis indiquer des prix de revient de 12 fr. pour le blé et 17 fr pour les betteraves.

J'avais eu l'honneur de déposer à la Société nationale d'Agriculture, à la demande de plusieurs de ses Membres, des échantillons de blé qui y ont été admirés ; M. Tisserand, dont personne ne contestera la compétence, a bien voulu me féliciter et les trouver magnifiques ; le rapport en est encore à faire. — Vers cette époque, M. Heuzé, inspecteur général, a trouvé bon de faire contre moi, contre ma méthode, une sortie assez violente ; elle s'est répétée à l'Hôtel Continental, à la suite d'un repas, devant une quarantaine de personnes, dont il avait interpellé quelques-unes — « Je mentais, disait-il, il était aisé de me dire qu'il ne croyait rien de ce que j'annonçais de mes rendements, de ma culture ; que s'il pouvait y croire, lui le premier provoquerait une souscription pour m'ériger une statue ; que le domaine de Bellecour ne m'avait pas appartenu, etc. » Dans une troisième édition de ma *Culture nouvelle* que j'ai à préparer pour suffire aux demandes qui me sont adressées, j'aurai à parler de ces incidents (1)

Il y a lieu de méditer sur ce qui se passe en Allemagne ; il est pénible d'avoir à se demander si les Allemands se montreront supérieurs à nous en toutes choses ? MM. Normand, Masuriez, Jacquemart de retour de ce pays, disent que la moyenne de rendement du blé s'y élève à 40 quintaux (53 hec-

(1) Une erreur de typographe qui, *dans une Notice*, avait ajouté trois zéros au nombre de 2,200,000 épis, avait été la cause de cette mauvaise humeur. Si mon contradicteur s'était donné la peine de lire ma brochure déposée, il aurait remarqué que je proscrivais les épis trop nombreux. — En me résumant, p. 35, je parle d'un rendement de 48 hectolitres avec 2,385,000 épis par hectare, puis d'un autre de 53 hectolitres 85 litres, fournis par 2,305,000 épis seulement ; j'ajoutais, — preuve que le plus grand nombre d'épis n'est pas à rechercher : — le nombre des épis le plus avantageux reste de 2,300,000 à 2,500,000 par hectare.

tolitres 33 litres) par hectare (1).—La culture y est le pivot de la sucrerie, ainsi qu'on le faisait en France, à nos débuts ; — c'est ainsi que, bien des fortunes ont été acquises ; — cela leur permet d'encombrer nos marchés de leur bétail. — Mes souhaits seraient que, nous imitant, ils abandonnassent le bétail pour accaparer nos engrais chimiques ; il est à craindre qu'ils ne calculent trop bien pour qu'il en soit ainsi.

Enfin, en terminant, j'ajouterai qu'il me serait agréable que l'on m'adressât le résultat d'essais faits selon la méthode que je préconise.

X. PINTA, PRÈS ARRAS.

(2) Voir le journal la *Sucrerie indigène*, du mardi 20 mai 1884, p. 496.

Le Labourage à vapeur, ses frais, etc. . . . . 75 c.

Notice sur la Culture nouvelle du Blé, *système de* M. X. PINTA, *près Arras* . . . . 2 fr.

Moyens de s'enrichir par la Culture . . . . 2 fr.

Pour recevoir ces ouvrages, *franco*, en envoyer le montant en timbres-poste ou mandat-poste à l'auteur, X. PINTA, près Arras.

LES ENGRAIS CHIMIQUES

CAUSES
DE LA DÉTRESSE DE NOTRE AGRICULTURE

Fumier : **Azote sans dépense.**

MOYENS
de
RELEVER NOTRE AGRICULTURE

Je crois avoir démontré dans ma circulaire de ce mois, que l'on pouvait produire du blé à 12 francs l'hectolitre, ainsi que les moyens d'y parvenir ; j'ai ajouté que j'indiquerais les causes de la souffrance de l'Agriculture française ; je pense que cette tâche me sera plus facile, la démonstration plus complète si je donne des chiffres dont on pourra apprécier l'exactitude.

On s'étonnera peut-être si je déclare que *ceux qui adoptent les procédés de culture préconisés par certains chimistes et professeurs, courent danger de se ruiner*, car ils ne pourraient produire le blé à 20 francs. — C'est un fait prouvé malheureusement par les plaintes et les clameurs de grand nombre de cultivateurs crédules, dont la ruine aurait pour conséquence celle des propriétaires, privés d'une partie de leurs revenus, obligés de réduire leurs dépenses : si on n'y veille, les commerçants, les fabricants subiront une crise qui fera diminuer le travail et les salaires des ouvriers.

Si ces conseillers, qui ont gagné beaucoup d'argent par la vente ou l'analyse de produits commerciaux sont certains du succès, que ne prennent-ils une ferme en location ? (De tous côtés on leur en offrira). Ils essayeraient de faire mieux que ceux qu'ils ont conseillés ; je crois qu'ils s'en garderont bien, et en cela ils agiront prudemment.

Supprimer le bétail, et par suite les fumiers qu'il donne, a été pour eux un moyen de. s'enrichir mais aussi la cause de la ruine de nos pauvres cultivateurs ; et cependant la plupart étaient rétribués par le gouvernement et les départements, outre que de grandes dépenses d'installation étaient faites pour eux.

Je ne fais qu'indiquer la situation actuelle et *l'avenir qui nous serait réservé* si l'on ne sort de la voie dans laquelle nos cultivateurs imprudents sont lancés par les chimistes, les cultivateurs de cabinet, ainsi que ceux intéressés à la vente de produits commerciaux et à des analyses — Il faudra revenir à l'agriculture suivie par nos devanciers qui, à l'aide du bétail, avaient des bénéfices avec la viande de boucherie vendue 52 à 55 centimes et le fumier nécessaire à leur exploitation, *sans dépense aucune* ; à ces bénéfices venaient s'ajouter ceux de la culture, qui leur permettaient de vendre le blé 15 francs, ce que font encore en partie nos voisins avec succès (1).

Malgré nos timides et déjà anciennes protestations, le mal a augmenté ; — je serais heureux que l'on pût prouver, surtout par des exemples, que je suis dans l'erreur. — C'est parler beaucoup de moi , on voudra bien m'excuser et tenir compte de mon ardent désir de propager des vérités utiles. — J'ai dû parler de mes bénéfices en culture, d'autres en ont fait de plus grands ; ils ont eu le bonheur d'en mieux profiter.

Lorsqu'un grand nombre de nos cultivateurs déclaraient qu'ils ne pouvaient cultiver et vendre le blé 20 francs l'hectolitre, ils disaient la vérité : il leur coûtait 25 francs. — Nous disons qu'on l'a produit à 15 francs, qu'on peut l'obtenir à 12 francs ; nous le prouverons.

La situation des cultivateurs, des propriétaires, des commerçants, des fabricants, des ouvriers est menacée à ce point que, dût-on mécontenter des amours-propres, irriter des intéressés ; des vérités utiles doivent être révélées ; elles sont nécessaires afin d'éviter des catastrophes dont nous serions tous victimes. — Dire aux propriétaires qu'ils auront à cultiver leurs terres est une absurdité ; leur âge, leur ma-

---

(1) En Allemagne, c'est la culture et les troupeaux nombreux de moutons qu'on y engraisse, qui donnent des bénéfices à la fabrication du sucre.— Signalons cependant des erreurs commises : dans une enquête faite, on déclare un rendement en blé trop élevé.

que d'aptitude, leur position ne le leur permettraient pas ; il est vrai que certain nombre le fesant, cela les empêcherait peut-être de mourir de faim. Que feraient nos cultivateurs si on les prenait au mot ? Que feraient nos fonctionnaires, les employés, s'il fallait en venir là ? Combien de carrières brisées !... Avec de la bonne volonté, du courage, de l'économie, de l'intelligence, de l'activité surtout, nous écarterons ces dangers — Il est bon que chacun sache que cultivateurs et ouvriers ne seraient pas épargnés dans ce bouleversement ; nous éviterons ces dangers rêvés par quelques-uns.

Si nous acceptions comme moyenne le prix du blé à 15 fr., voyons, pour ceux mal conseillés, privés de bétail, ayant eu recours aux engrais chimiques, le chiffre de surtaxe nécessaire pour ne pas être en perte, en obtenant 20 hectolitres par hectare ; (la moyenne de la France étant 14 à 15 hectolitres, celle de la Belgique 18 à 20 ; de l'Angleterre 24 à 25). Le fumier qui ne devait leur rien coûter leur fesant faute, ils auraient à acheter pour 200 fr. d'engrais commerciaux par hectare ; ce qui augmenterait leur grain de 10 fr. par hectolitre : ils ne pourront jamais espérer une taxe de 5 fr., qui leur serait même inutile en vendant leur blé 20 fr. alors qu'il leur coûte 25. Voila où les a conduits leur crédulité ; pour ceux-là, pas de bétail, pas de bénéfices, pas de fumier, pas de viande ; avec ces engrais achetés, après quelques récoltes la terre durcie serait imperméable, il faudrait y suppléer par des labours répétés, coûteux, par des dépenses nouvelles sans espérer d'avoir un cours moyen de 25 fr.

Mais en criant bien fort, quelques-uns se diront : nous ferons baisser les fermages de moitié ; au lieu de 80 fr. l'hectare, nous en payerons 40 ; mauvais calcul !..... malgré la taxe à l'étranger de 5 fr. ce ne serait que 2 fr. en plus, encore 3 fr. de perte. Or on ne peut continuer ainsi ; il faut tout abandonner, il restera à se demander comment on vivra ?.....

D'autres cultivateurs prudents auront conservé leur bétail qui se vend cher ; la femme, occupée à diriger la basse-cour, fournira souvent avec ses profits les deux tiers du prix du fermage ; mais ce qui sera bien autrement avantageux, c'est que *sans rien dépenser* on aura les fumiers nécessaires pour s'assurer de bonnes récoltes ; pour eux, rien à payer pour engrais au fabricant, rien aux chimistes pour des analyses ; on voit qu'il leur sera facile de vendre leur blé à 15 fr. ; un tiers seulement du fermage reste à payer, aucune dépense pour engrais, le fumier de leur bêtes y supplée, de plus elles leur donnent bénéfices de laitage, de beurre ou de viande.

D'une part . culture à l'aide d'engrais commerciaux, blé à 25 fr., sans bénéfice.

D'autre part : culture ancienne, blé à 15 fr., avec bénéfices.

On voit qu'il ne leur reste *qu'un parti à prendre, suivre l'exemple de nos devanciers* ; ils fesaient du blé qu'ils vendaient 15 fr., de la viande de boucherie à 52, 55 centimes, ils vivaient heureux, achetaient des terres. — C'est un fait qui n'est ignoré de pesonne. — N'oublions pas, qu'outre le fumier, les bénéfices de la cour payaient partie du fermage.

Les comptes d'une de nos fermes nous offrent des chiffres que l'on pourra apprécier :

<table>
<tr><td colspan="2">DÉPENSES</td><td colspan="2">RECETTES</td></tr>
<tr><td>250 hectares, fermages</td><td>20,000 fr.</td><td>120 hectares betteraves à 750 fr.</td><td>90,000 fr.</td></tr>
<tr><td>1/9 vins</td><td>2,222</td><td>70 — blé, scourgeon, à 450 fr.</td><td>31,500</td></tr>
<tr><td>25 chevaux, 5 bœufs, nourriture, harnais, voitures, conduite.</td><td>25,500</td><td>60 — avoine, fourrage, à 300 f.</td><td>18,000</td></tr>
<tr><td>Ouvriers : cour et champs</td><td>12,000</td><td>Bénéfices sur 120 bêtes engraissées .</td><td>12,000</td></tr>
<tr><td>Ouvrières : sarclage, etc.</td><td>13,000</td><td>— 1,800 moutons</td><td>»</td></tr>
<tr><td>Moisson 2,000, contributions 2,000 .</td><td>4,000</td><td>— porcs</td><td>2,000</td></tr>
<tr><td>Surveillance</td><td>1,500</td><td></td><td>153,500 fr.</td></tr>
<tr><td>Semences</td><td>5,000</td><td></td><td></td></tr>
<tr><td>Cordages, menus frais, chauffage. .</td><td>1,000</td><td>Dépenses.</td><td>99,222 fr.</td></tr>
<tr><td>Entretien des bâtiments, assurance .</td><td>1,500</td><td>Bénéfices.</td><td>54,278</td></tr>
<tr><td>Engrais chimiques et autres</td><td>6,000</td><td></td><td></td></tr>
<tr><td>Intérêts de 150,000 fr.</td><td>7,500</td><td>Somme égale.</td><td>153,500 fr.</td></tr>
<tr><td></td><td>99,222 fr.</td><td></td><td></td></tr>
</table>

Nous obtenions 28 hectolitres, 7 à 8 plus que nos voisins. Par notre méthode nouvelle, nous en aurions facilement 40. Nous portons l'hectare à 450 fr.

$$\left.\begin{array}{lr}\text{1,200 gerbes à 20 fr. le cent.} & \text{240 fr.} \\ \text{28 hectolitres resteraient à 7 fr. 50} & \text{210}\end{array}\right\} \ 450 \text{ fr.}$$

On voit que nous pouvions déclarer produire du blé au prix de 12 fr., en obtenant un bénéfice annuel de 54,000 fr.

Nous pensons que les engrais chimiques sont nécessaires pour la culture de la betterave, soit pour écarter la vermine, soit pour activer la levée ; on a pu remarquer que nous en employions pour 6,000 fr.

Chaque jour, pendant huit mois, 800 kilog. de tourteaux de graines étaient distribués à nos bêtes, elles consommaient une partie de nos produits sans déplacement, nous donnaient par an 2,500 voitures de fumier à 4 chevaux, chargées de 2 mètres cubes d'excellent fumier; soit 5.000 mètres à 10 fr.: 50,000 fr. ; nous devons y ajouter 14,000 fr. de bénéfices pour l'engraissement des bêtes : 64,000 fr. ; s'ils nous avaient manqué comme à nos infortunés cultivateurs trop crédules, notre ruine eût été certaine (1).

Sans ce fumier et bénéfices, nous aurions eu à dépenser 200 fr. en engrais commerciaux par hectare, soit, pour 250 hectares : 50,000 fr. ; *ils eussent été à peine suffisants pour nous rendre les mêmes services ; leur action eût été moins durable, moins complète. — On nous dira peut être qu'il faut de l'argent et que nos fermiers en ont peu à donner, alors même qu'il devrait rapporter 25 °/₀.—Nous répondrons qu'avec deux annuités de 50,000 fr. on aurait eu les étables pleines.*

Nous avons dit que pour le blé, le phosphate est très utile : la marne en contient, elle aide à l'assimilation des éléments restés inertes dans le sol ; *l'azote, lorsqu'il est en excès, est souvent nuisible à la grainaison,* il contribue à la végétation de la plante dont les pailles n'ont plus la raideur nécessaire pour donner de bons épis.

Il y a un an, l'azote se vendait 2 fr. 50 à 3 fr. le kilog ; comme les autres engrais commerciaux, il est baissé de 35 °/₀ ; nous croyons ne pas y être étranger

On a vu que *le fumier ne doit rien coûter dans une ferme ;* on pourrait en dire autant de l'azote.— En effet, si on sème dans une terre, de la luzerne, on pourra la conserver quatre ans ; pendant les trois dernières années, si la terre est nette, en assez bon état, cette luzerne donnera en fourrage ou en détritus laissés dans le sol, 300 kilog. d'azote par hectare ; *c'est ce qu'aucun chimiste n'ignore :* pourquoi les professeurs agricoles ne le disent-ils pas et à leurs élèves et à nos cultivateurs ?... (2) Pourquoi leurs élèves, leurs études terminées, ne savent-ils pas faire une analyse ; serait-ce un soin qu'ils veulent se réserver ?...

Il ne faut pas une semaine pour qu'un agriculteur ait, en chimie, des *connaissances* nécessaires pour cultiver bien ; il y faudra joindre la pratique ; la plupart de nos professeurs y sont étrangers. — Cette pratique peut s'apprendre par un homme du métier, en observant, en suivant l'exemple de voisins intelligents, gagnant de l'argent ; ce mode nous a été utile, il l'est et le sera pour d'autres.

On est peu surpris que les chimistes aient employé autant d'insistance pour modifier notre culture, pour remplacer le fumier par des engrais commerciaux, lorsqu'on voit les fortunes immenses acquises par ce moyen ; il en est dont les analyses donnent un bénéfice annuel de 25,000 fr. ! Mais aussi, que de millions perdus par nos cultivateurs ! !...

Il est une connaissance essentielle, indispensable pour un cultivateur, celle des bêtes de ferme. Elle est bien peu familière à nos chimistes, à nos professeurs agricoles: si nous avions un vœu à formuler, ce serait qu'il fût adjoint à notre école d'Alfort une exploitation sérieuse ; elle rendrait d'immenses services, surtout si on visitait les marchés

Nous croyons avoir prouvé que si une ferme est privée de bétail, le prix du blé reviendra à 24, 25 fr. au moyen d'engrais commerciaux. — Si au contraire on a un nombre de bêtes suffisant, il ne devra coûter que 15 fr. l'hectolitre.

Le prix du blé a bien diminué, la cause peut en être attribuée en partie aux cultivateurs, qui se plaignaient de la récolte en août 1883; leurs plaintes ont fait croire à une très mauvaise récolte; on a fait des commandes à l'étranger ; de là un stock, un excédant qui a pesé sur les marchés et dont les marchands ont profité pour faire la baisse, qui a été s'aggravant. Le blé d'Amérique ne peut être vendu, sans perte, à moins de 20 fr. dans nos ports ; le cours des nôtres est de 14 à 15 fr., peut être moins ; il est évident

---

(1) *Culture nouvelle du blé.* 2ᵉ édition **2** fr. — *Moyen de s'enrichir par la culture,* **2** fr. Franco contre envoi du montant en timbres-poste à l'auteur, X. PINTA, près Arras.

(2) Pour la luzerne, 30 fr. de graine, 20 fr. si on emploie le semoir, 10 fr. de plâtre par année ; — 300 kilog. d'azote achetés auraient coûté 750 à 900 fr. chaque année.

qu'une élévation de taxe sera inutile. — Nos cultivateurs ne doivent pas se faire illusion (1).

Déjà les blés actuels d'Amérique sont bien inférieurs en qualité aux premiers qu'elle nous envoyait. « Ils sont petits, maigres, nous disait un commerçant sérieux, nous expédions pour 100 millions d'engrais chimiques en Amérique ; — ils y produisent leur effet. »

On effraye encore nos cultivateurs pour le bétail ; on leur parle de maladies, de pertes : en onze ans neuf mois, sur 22 chevaux, nous n'en avons pas eu un seul malade, nos pertes sur moutons ne se sont pas élevées à plus de 1/2 % ; ce qui doit principalement préoccuper, c'est la diminution de nos troupeaux en France — En 1859, le nombre des bêtes à laine s'élevait encore à 39 millions ; en 1884, il n'est plus que de 19 millions, moins de moitié.

Une nécessité pour nous est de reconstituer nos troupeaux : *nous demanderons s'il est sage d'éloigner par des taxes les bêtes dont nous avons besoin pour nous fournir du fumier et de la viande, fumier précieux pour nos récoltes ; nous admettrions la taxe pour les bêtes grasses, mais non sur les jeunes ; le fabricant se garde bien d'en demander, à leur entrée, sur les matières premières nécessaires à sa fabrication : les cultivateurs seront-ils moins prudents ?*

La providence a mis à notre disposition bien des ressources dont nous profitons peu ; sachons en faire un bon emploi : — observons, étudions, soyons économes, sachons compter.

Nous aurions été heureux de n'avoir pas eu à insister sur des vérités concernant nos chimistes ; le mal produit par eux est inappréciable ; il fallait le démontrer..... C'était pour nous un devoir d'éclairer nos cultivateurs. Il s'agissait non-seulement d'assurer le bien-être de nos agriculteurs, mais encore la fortune menacée de nos propriétaires. Nous le répétons, tout s'enchaîne, si ceux-ci éprouvent des pertes, ce sera un ralentissement d'affaires pour les fabricants et les commerçants et le salaire des ouvriers subira une diminution.

Dans une circulaire récente, nous avons indiqué les avantages de notre nouvelle méthode de culture. Rappelons-les brièvement :

Labours peu profonds, un seul cheval au lieu de deux ;
105 à 110 litres semence, au lieu de 230 — économie de 25 fr. par hectare
    et pour 7 millions d'hectares . . . . 175,000,000 fr.
Augmentation de rendement de 50 à 70 %, soit 50 millions d'hect. à 20 fr. 1,000,000,000
Qualité supérieure du grain, 2 à 3 fr., pour 1 million d'hectolitres . . . 200,000,000

Nous négligerons les avantages obtenus pour les autres céréales ; pour ceux d'une terre moins fatiguée par l'espacement des lignes, les soins pour fauchage du blé en vert, ainsi que ceux pour hâter la moisson, etc.

Nous diminuerons les frais de culture et donnerons à la France plus de 1 milliard de bénéfices.

X. PINTA, près Arras,

Chevalier de l'Ordre du Mérite agricole.

Grande médaille, blé, Exposition universelle de Paris, 1885.

---

(1) Le parlement anglais a chargé deux de ses membres de faire une enquête sur la culture du blé en Amérique : il résulte de leur rapport, dont le gouvernement français a donné une traduction, que la dépense pour le travail d'un acre en blé coûte 10 dollars, soit 125 fr , compris les frais pour le transport à la station voisine à 10 kilomètres. — On obtient 11 hectolitres pesant un peu moins de 75 kilos, au prix de 12 fr. 06 plus 8 fr. 61 de frais à Liverpool, soit 20 fr. 87.

A la station	12^{fr}.06
Transport à Chicago	2 80
Chicago à New-York.	2 25
New-York à Liverpool	2 10
Factage en Amérique.	0 50
Frais à Liverpool	0 96
	20^{fr}.67

NOUVELLE
CULTURE DU BLÉ

MOYENS

d'en augmenter les rendements de vingt pour cent

POUR LA FRANCE :

20,000,000 hectolitres — 400,000,000 francs

SANS DÉPENSES NOUVELLES

PAR X. PINTA

PRÈS ARRAS

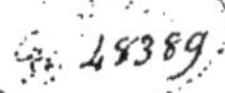

FERME ET FABRIQUE DE BERTHONVAL

ARRAS

IMPRIMERIE DE L'AVENIR — EUG. CARLIER ET Cⁱᵉ

2ᵉ ÉDITION

Des circonstances m'ont obligé à m'occuper bien jeune d'agriculture ; installé, en 1827, dans une ferme considérable, sans connaissance aucune de culture, mais sans préjugés, j'ai eu à consulter les ouvrages qui en traitaient ; bientôt je compris que j'avais également à suivre, à étudier les travaux des meilleures exploitations du Nord de la France et de la Belgique.

Des contradictions que je remarquai, me firent entreprendre des recherches sérieuses. — Lorsque j'eus acquis certaines connaissances qui furent suivies de quelques succès, j'en vins à m'étonner du peu de soins donnés à la culture des blés, soins qui n'étaient pas ménagés pour les racines et autres plantes délicates.

Ces réflexions m'engagèrent, de 1835 à 1840, à me livrer à de nombreux essais ; on verra, dans ce traité, quels en furent les résultats : je vins à être fixé sur la méthode à suivre vers 1855. — Diverses circonstances m'engagèrent à en retarder la publication.

J'ai la conviction que si l'on suit, d'une manière absolue, mon mode de culture, qui n'a rien de difficile ni d'onéreux on obtiendra facilement une **augmentation de rendement** qui ne sera pas moindre de **20 %** soit **20 millions d'hectolitres pour la France** (1).

Cette question est d'un haut intérêt pour les populations ;
— pour les cultivateurs, elle offre des bénéfices certains ;
— pour les propriétaires, des revenus assurés.

(1) En 1882, des essais nombreux comme des résultats obtenus me donnent la conviction que les rendements supérieurs ne seront pas de 20 % mais bien de 50 à 60, c'est-à-dire de 20 à 45 hectolitres par hectare suivant la nature et la qualité de la terre.

A MES LECTEURS

On me permettra de reproduire un passage de ma brochure : *Moyen de s'enrichir par la culture* (page 62); j'y parle du charme de la campagne, des avantages que peut offrir la culture d'un domaine; — je suppose deux chefs de famille, ayant la même fortune, tous deux possédant un bien de 200,000 francs.

Le premier vient habiter la ville, il ne sera ni notaire ni avocat, il veut conserver son indépendance, ne demandera pas une place au gouvernement, se contentera de vivre avec ses revenus modestes.

Il vendra une partie de son bien pour avoir une maison qu'il faudra meubler ; il restera 150,000 francs en terre, soit à 4 °/₀, 6,000 francs de revenus, avec lesquels il aurait à suffire aux dépenses d'une maison, élever, faire instruire des enfants — ce qui ne sera pas facile, — et plus tard, il n'y aura pas de dot à leur donner.

On conviendra que la situation d'un petit commerçant serait préférable. — Ses bénéfices, lui suffisant pour vivre, il aura les intérêts de son patrimoine à mettre de côté, ce qui pourra servir au placement des siens.

Qne ferait un Anglais ou un homme prudent qui n'admettrait pas une situation aussi gênée, on peut dire aussi cruelle?...

Il penserait à exploiter son bien, en vendrait pour 40,000 francs pour acheter du bétail ; ou mieux il ferait un emprunt pour s'occuper de la culture de son bien, d'une valeur de 200,000 francs pour lequel on admettra une étendue de 65 à 70 hectares.

Le bien devra rapporter en revenu, à 4 °/₀ . . . .   8,000 fr.
Un domaine de cette étendue donnera, en bénéfices.   12,000
La dépense de maison sera de . . . . 6,000 fr.
Il y aura lieu d'ajouter, pour l'intérêt à 5 °/₀ de
  l'emprunt fait de 40,000 francs. 2,000

Il restera bénéfice net : 12,000 *fr. chaque année.* — Dans ces conditions, la vie sera facile ; le logement, le chauffage, l'éclairage étant compris dans les frais généraux.

Si dans le nord les moutons rapportent peu, l'élevage et l'engraissement des veaux sont lucratifs, comme la vente et le renouvellement des bêtes à lait, — dans le centre, il n'est pas rare de voir la valeur d'un troupeau de moutons doubler en une année.

Si le propriétaire dont nous nous occupons est intelligent, actif, il prendra par la suite en location 40 à 50 hectares, se fera aider par un chef de labours et pourra augmenter ses bénéfices de 5,000 francs : certaines dépenses de maison et frais restent les mêmes (1).

Si nous établissons la situation de ce propriétaire agriculteur, 20 années après son installation, il aura pu mettre en réserve :

```
12,000 fr. × 20 années = ......................... 240,000 fr.
L'intérêt de 240,000 fr. à 5 % = 12,000 fr × 10 ans  120,000
Le bénéfice de terres en location 5,000 fr. × 14 ans   70,000
L'intérêt de 70,000 fr. à 5 %, 3,500 × 7 ans ........   24,500
Capital en terre primitivement engagé.............   200,000
                                                    ─────────
                                                     654,500 fr.
Amélioration du domaine......................... mémoire
```

Si on compare cette situation avec celle de celui qui, ayant la même fortune, a été vivre à la ville dans l'oisiveté, quelle différence ! que de bien-être en moins, quels ennuis quand il s'agira de placer ses enfants ! Tandis que notre agriculteur aura une vie large, facile, l'autre aura vécu dans la gêne ; l'existence active de l'un aura contribué à l'entretien de sa santé ; les ennuis de l'autre l'auront affaibli.

Ces réflexions ont été pour quelque chose, pour me faire désirer de vivre à la campagne, on comprendra que je n'aie pas eu à le regretter non plus que d'autres, qui ont préféré le travail, la vie active à l'oisiveté.

X. P., *près Arras.*

(1) On comprend que ce bénéfice de 5,000 fr. est plus que modéré.

NOUVELLE CULTURE DU BLÉ

Je désirais, commme mon beau-frère, M. Crespel, être fabricant de sucre. Les circonstances voulurent, qu'à l'âge de vingt-deux ans, mes parents me donnassent à diriger une ferme de 250 hectares vers le Nord. A cette époque (1827), l'industriel devait produire la betterave nécessaire à sa fabrication.

Je ne possédais que les connaissances généralement acquises par les jeunes gens au sortir des études, aucune notion d'agriculture ; après avoir passé une couple d'années chez un notaire, j'étais entré dans une maison de commerce à Paris. Toutefois, les mathématiques, qui avaient été pour moi l'objet d'études particulières, me rendirent plus faciles les recherches et les travaux nécessaires pour diriger une exploitation rurale et industrielle.

L'ignorance des choses se rapportant à la culture me fut, je le crois, une circonstance favorable, car elle m'obligea à des études sérieuses et nouvelles.

Installé en juin dans la ferme de Berthonval, distante de 2 kilomètres de toute habitation, j'y trouvai l'assolement suivant :

70 hectares en jachère ;
70 — blé ;
70 — avoine ;
40 — scourgeon, fèves, œillettes, trèfle.

Effrayé par cette étendue de 70 hectares de jachères improductifs, pour ainsi dire, j'eus la pensée de faire ensemencer en trèfle les terres alors en avoine. Dès mon arrivée en juin, la saison fut favorable, j'en récoltai 60 hectares, le reste fut coupé en vert pour les bestiaux et laissé en pacage : On comprend que ce système, quoique modifié depuis, me fournit de grandes ressources en fourrage ; l'amélioration qui en résulta pour la terre fut remarquable.

2ᵉ année. Nombre de bêtes quintuplé.

Ce premier succès, dès le début, et la pulpe de betteraves me permirent de quintupler le nombre des bêtes à engraisser à l'étable ; mais ces résidus devaient être consommés à l'état frais ; les bêtes les refusaient lorsqu'ils provenaient d'un travail de plus de 24 heures ; aussi, la fabrication terminée, vendait-on souvent à perte des bêtes demi-grasses ; le fourrage que nous possédions eût été insuffisant pour compléter leur bon état.

Résidus de betteraves conduits aux champs.

Nous étions alors l'objet du persifflage des fermiers voisins. — Sensible à ces plaisanteries, je fis, pendant plusieurs années, bien des essais qui restèrent inutiles ; pour se débarrasser de ces résidus, il fallait les conduire dans les champs. — Un jour, c'était en 1831, je vis un mouton gratter avec le pied sur un de ces tas anciennement déposés, je m'approchai et une odeur de fermenté fixa mon attention.

Essai de conservation de pulpe.

Croyant trouver un indice, je fis, aussitôt rentré à la ferme, conduire dans deux silos qui avaient servi pour betteraves de la pulpe fraîche qui fut recouverte de terre.

J'avais fait part de mon essai à mon marchand de bêtes, homme intelligent, aussi désireux que moi d'en observer le résultat. De retour, 5 à 6 semaines plus tard, il me parla de mon dépôt ; on le découvrit et on trouva une superficie noire, accusant la pourriture ; mécontent, déçu dans mon espoir, je donnai un coup de bêche dans la fosse, et lançai au dehors une portion de la superficie, nous vîmes alors apparaître une partie blanche. Nous nous précipitons : « Elle est bonne, » s'écriait mon marchand. Et, en effet, nous en présentâmes aux bêtes, qui la mangèrent avec avidité.

Succès, découverte de la conservation de la pulpe en 1831.

La découverte de la conservation de la pulpe avait lieu en 1831, 25 années environ après celle de la fabrication du sucre de betteraves.

Silos en maçonnerie, couverts. Silos en terre.

Avant la fin de la fabrication de l'année, je fis creuser de vastes silos couverts, revêtus en maçonnerie ; mais la pulpe en contact avec les parois y contractait un mauvais goût (1).

J'en revins aux silos en terre, de 3 mètres de largeur et de profondeur ; ce mode est celui que j'ai toujours préféré.

Désormais nous pouvions avoir et conserver un grand nombre de bêtes à l'étable ; c'est ainsi que j'en suis venu à engraisser à Berthonval, durant 12 années, 150 bêtes à cornes et 1,800 moutons, qui me fournissaient une grande quantité de fumier riche en azote (2).

Pour nous, pour l'agriculture, c'était, comme on va le voir, un immense succès.

En France les résidus provenant de la fabrication du sucre, ainsi que ceux des distilleries ont une valeur considérable, qui augmente chaque année.

On comprendra que la conservation de la pulpe a été une cause de fortune pour l'agriculture du nord de la France ; elle a, de plus, donné à nos terres une quantité énorme de fumiers qui ont produit de magnifiques récoltes en blé, tout en préparant les terres par des sarclages nécessaires aux betteraves.

Outre la pulpe et les tourteaux, nos bêtes consommaient, à Berthonval, 500 bottes de fourrages par jour, durant 240 jours (8 mois).

Nos blés, trèfles, hivernages, fèves, les fournissaient comme suit :

60 hectares fourrages divers, à . .	1,200 bottes	=72,000	bottes
70 — blé, scourgeon, avoine.	1,200 —	=84,000	—
120 — betteraves	» » —	» »	—
250	Consommation annuelle. . .	156,000	—
240 jours $\times$ 500 bottes		=120,000	—

Il restait donc pour les 4 mois d'été . . . . 35,000 bottes

quantité bien suffisante, les moutons étant au parc ; pour les autres bêtes, l'engraissement avait cessé.

A partir de l'année 1834, les fumiers provenant de nos bêtes fortement nourries, les cendres, les résidus d'usine,

(1) J'attribue cette disposition de la pulpe à un manque d'humidité nécessaire pour une fermentation moins prompte, comme à un tassement incomplet.

(2) Plus tard, j'eus une deuxième exploitation qui me permit d'élever le nombre de bêtes engraissées à 200 bêtes à cornes et 3,000 moutons.

nous donnaient des résultats magnifiques, indiqués par le compte ci-joint de ferme de Berthonval :

Dépenses :

Compte de ferme à Berthonval, 54,000 francs de bénéfices dûs en partie à la conservation de la pulpe.

250 hectares, fermage	20,000 fr.
— 1/9 pour vins.	2,222
22 chevaux, 5 bœufs (nourriture, harnais, voiture, conduite)	25,500
Ouvriers : cour et champs.	12,000
Ouvrières : sarclage, arrachage, etc.	13,000
Moisson, 2,000 fr., contributions, 2,000 fr.	4,000
Surveillance.	1,500
Semences.	5,000
Cordages, menus frais	1,000
Entretien, bâtiments, assurance.	1,500
Engrais chimiques et autres	6,000
Intérêts de 150,000 francs	7,500
Total.	99,222 fr.

Recettes :

Prix de la mesure de 42 ar. 91 sans les pailles réservées pour fumiers.

120 hectares betteraves à	750.	90,000 fr.	321 »
70 — blé, scourgeon à	450.	31,500	192 90
60 — avoine, fourrages, à 300.		18,000	129 »
Bénéfices sur 150 bêtes engraissées.		12,000	
— 1800 moutons.		mémoire	
— — porcs.		2,000	
250 hectares. Total.		153,500 fr.	
Dépenses.		99,222 fr.	
Bénéfices		54,278	
Somme égale.		153,500 fr·	

Nous ferons remarquer que nous obtenions alors 28 hectolitres de blé par hectare, c'est-à-dire 7 à 8 hectolitres de plus que nos voisins (par notre méthode nous en aurions facilement 40). Nous portons l'hectare à 450 francs ;

1,200 gerbes à 20 francs le cent.	240	»
28 hectol. blé resteraient à 7 fr. 50	210	»
Total.	450	»

On voit que nous pouvions déclarer faire du blé au prix de 12 francs l'hectol., tout en obtenant encore un bénéfice annuel de 54,000 francs.

On s'en étonnera peu, si on remarque que nous ne dépensions pour engrais chimiques que 6,000 fr.; mais le bétail que nous engraissions, consommant pendant 240 jours de la pulpe, 500 bottes fourrage, 800 kilog. tourteaux, nous fournissait une quantité considérable d'excellent fumier.

On voit donc que ces chiffres sont modérés, car si nous n'avons pas compté les cendres, les résidus de fabrique; par compensation, les frais de transport de charbon, du sucre sont pour mémoire.

Les moutons, quoique achetés au loin, et souvent à 3 et 4 francs en dessous du marché d'Arras, nous laissaient peu de bénéfices.

Une partie de ces avantages était dûe à la conservation de la pulpe.

Nos terres bien préparées, entretenues par des sarclages fréquents, étaient dans un état satisfaisant de culture; nous réservions nos fumiers pour les scourgeons et les betteraves; cependant nous avions des blés dont l'apparence laissait peu à désirer.

Nos récoltes en blé non fumé.

Divers essais avaient contribué à nous donner ces résultats; nous avions fait l'emploi de plus de vingt espèces de semences, nous n'avions pas négligé les produits chimiques, les semis à la mécanique nous offrirent seuls de l'avantage; il n'en fut pas de même pour le pralinage des grains; l'engraissement du bétail fut l'objet de soins particuliers.

Essais de différents blés, produits chimiques, pralinage, Semis à la mécanique.

Sauf dans les 3 premiers mois de notre exploitation, je n'ai pas eu, en 12 ans, sur 22 chevaux, un seul malade (1).

En 11 ans 9 mois pas un cheval malade.

Des soins assidus donnés à nos terres nous procuraient des récoltes en blé qui étaient enviées par nos voisins; ils en venaient à en rechercher la semence et ravageaient les bordures de nos champs pour confier cet épiage à la terre de leurs jardins, afin d'en récolter ensuite dans leurs champs. — Je laissais faire : pour nous, ce n'étaient que quelques hectolitres qui n'étaient pas perdus pour la culture.

Nos succès avaient excité la convoitise de nos propriétaires; ils me demandaient un prix exagéré de fermage; les voisins, sachant les terres en bon état, en offraient des prix élevés, quoiqu'elles fussent éloignées pour eux. —

Nos succès faisant doubler le loyer des terres.

(1) Je me propose d'indiquer le traitement auquel étaient soumis nos chevaux, et le mode d'alimentation, dans un traité : le *Moyen de s'enrichir par la culture*, 2 fr. par la poste.

Acquisition d'un domaine de 1,150 hectares dans le Gâtinais.

N'espérant pas obtenir, soit par location, soit par acquisition, la quantité de terres nécessaires à mon exploitation, j'achetai dans le Gâtinais, vers 1840, un domaine considérable, en bonnes terres, prés et bois, d'une contenance de plus de 1,100 hectares, comprenant 9 grandes fermes, des locatures et maisons, au nombre de 52, occupées par 220 habitants.

Emploi de mes bénéfices de 950,000 fr. en 12 années avec 1er capital de 90,000 fr.

Dans la fabrication, je n'avais pas été moins heureux que dans la culture. Durant le cours de mon bail de 12 années, j'avais remboursé à ma famille, pour ma ferme et fabrique, 300,000 fr., acheté à Arras 6 maisons et des terres près de mon exploitation d'une valeur de 250,000 francs, payé ou versé pour le domaine de Bellecour 400,000 fr. (J'ai dû y consacrer 700,000 fr.). — Je donne cet aperçu, qui vient à l'appui de mon compte de culture et indique l'emploi de mes bénéfices de 12 années.

Fautes commises par bien des cultivateurs.

Des cultivateurs se plaignent, avec raison peut-être; mais ils me permettront de leur demander si le mode nouveau de culture suivi par eux n'y est pas pour beaucoup ?... Pour s'épargner des soins, du travail et de la surveillance, n'ont-ils pas recours, trop souvent, aux engrais chimiques, qui exigent des déboursés..., au lieu de suivre les exemples donnés par les anciens, en tenant la ferme garnie de bétail? Alors la maîtresse de maison apportait sa part de profits, quelquefois suffisante pour payer le fermage. — C'est une charge dont s'acquitte encore la fermière dans certaines localités. — *Le cultivateur trouvait de plus du fumier qui enrichissait son exploitation.*

La cour payant le fermage dans le Gâtinais.

Dans la propriété que je venais d'acheter, j'avais en exploitation une de nos 9 fermes qu'on aurait louée difficilement 5,000 fr. — 25 jeunes bêtes vendues prêtes chaque année, et 5 à 600 moutons engraissés nous donnaient 7,000 fr. de bénéfices et leurs fumiers amélioraient les terres (1).

Je pourrais multiplier les exemples si je ne craignais de parler trop de moi. Je préfère détailler mes essais, pour *en épargner de nouveaux à d'autres* et leur éviter peut-être des échecs et des ennuis.

(1) Par la suite le nombre des moutons fut augmenté.

DOMAINE DE BELLECOURT (Gâtinais)
(1115 Hectares)

— 13 —

Parmi nos fermes du Loiret, que je laissai louées, me réservant la plus importante, je trouvai des types de bêtes à cornes excellents, que j'améliorai par un croisement Durham.

Obtenant un prix assez élevé des bêtes ainsi améliorées, chaque année, pour simplifier la besogne (le beurre se vendant à vil prix), nous nous défaisions des élèves prêtes à vêler, à l'âge de 3 et 4 ans, réservant celles de choix pour renouveler nos étables et celles de nos fermiers.

Les foires considérables, où il n'était pas rare de voir 120 à 150,000 moutons, nous en fournissaient d'espèce rustique, disposés à la graisse, à des prix avantageux.

Dès lors, je pouvais me considérer l'un des plus grands engraisseurs de France; car je n'en connaissais pas qui livrassent par an, *à la boucherie*, plus de 200 bêtes à cornes et 3,000 moutons : dans ce nombre je ne comprends pas 1,500 moutons vendus en chair.

Des brebis du Gâtinais, si admirables de formes, nous donnaient des sujets pour l'élève de nos moutons de concours; c'est avec elles que Pilat, notre ami, obtenait ces moutons magnifiques, qui toujours ont eu les 1ers prix dans tous les concours.

De loin, je suivais son exemple et j'avais obtenu des médailles pour des produits réellement remarquables.

Une année, nous avions envoyé au concours de Poissy des moutons Solognots engraissés sans soins particuliers : ils avaient été payés 23 fr. 50 la paire, plus les 4 au cent, ce qui les mettait à 22 fr. 56 net : ils furent vendus 76 fr. la paire, tondus ; il est vrai qu'ils avaient obtenu un 2e prix ; on acheta le reste de la bande à 60 fr. (1).

On ne sait pas assez combien les améliorations sont faciles : — quand le choix du bétail est bien fait, les bénéfices sont assurés.

Nous reviendrons sur ces détails pour indiquer des améliorations utiles, avantageuses pour bien des contrées.

J'avais importé des blés de choix dans le Loiret, les résultats obtenus ont été satisfaisants. — *Au concours universel* de 1856, à Paris, j'ai eu, ainsi que notre cher

(1) 200 °/₀ plus que le prix d'acquisition, prix de laine compris.

Grande médaille
à l'exposition
régionale d'Orléans,
chanvres de 4 mètres.
Blé vendu
à des prix très-élevés.

Pilat, une médaille de 1re classe (*ex œquo*) pour mes blés, comme étant les plus beaux de l'Exposition universelle.

Au concours régional d'Orléans, même succès pour des chanvres de 4 mètres de haut, des lins de 80 centimètres, des colzas de deux mètres et des blés magnifiques.

J'avais donné à un grand propriétaire du pays de la semence de ces blés, qu'il fit fructifier, et, durant 3 à 4 ans, il ne les vendit pas moins de trois à quatre cents pour cent au-dessus du cours.

Produits d'une pinière
à Bellecour.

Lors de l'acquisition du domaine de Bellecour, j'y trouvai une pinière de la contenance de 5 hectares, semée depuis dix années ; elle avait été éclaircie : trois ans après mon acquisition, j'eus à renouveler cette opération et recommençai deux ans après ; le produit net de ces deux coupes s'éleva à plus de 5,000 fr. et les arbres laissés sur pied avaient certainement une valeur supérieure à ce prix.

Subvention accordée.

Etonné d'un pareil produit, que je fis constater, je rédigeai un mémoire indiquant ces résultats et offris un mode de culture approprié aux terres de Sologne, je l'adressai au Gouvernement, au préfet d'Orléans et aux principaux fonctionnaires du département : 3 mois ne s'étaient pas écoulés qu'on mettait 60,000 fr. à la disposition du Comité d'Orléans pour l'essai de ma méthode : cependant ce dernier sollicitait vainement depuis trois ans une subvention à cet effet.

Les pinières abritent les troupeaux l'hiver comme l'été, elles leur procurent, par l'élagage, une nourriture saine et précieuse pour leur santé et fertilisent le sol par leur détritus.

Les grands espaces
aux grands troupeaux,
fortunes immenses
qui en sont résultées.

Presque toujours dans le nord et les contrées riches, où le sol est très divisé, l'élevage du mouton devient très-difficile et souvent onéreux ; aussi dirons-nous : *les grands espaces aux grands troupeaux.* — Cette vérité, reconnue dès les premiers âges, nous est confirmée par des exemples fournis en Espagne et en Amérique, où ils ont contribué à des fortunes colossales. — N'oublions pas que ce principe serait d'une application facile pour la Sologne et l'Algérie.

Pourquoi hésiter, quand on sait que c'est à ce système

que de grands propriétaires du Nouveau-Monde sont rede-
vables, comme je viens de le dire, de fortunes qui passent
pour incroyables ? — Nous avons aussi à nous demander,
s'il est si maigre sol, en Sologne même, qui ne donne, à
l'aide de quelques soins intelligents et d'un troupeau con-
duit par une femme, 15 et 20 fr. de produit par hectare ?

Le mode d'exploitation que j'indiquais consistait à veil- *Améliorations recommandées pour les sols de Sologne.*
ler : dans les prés, à l'écoulement des eaux, épardre un
peu de semences de foin auxquelles on devait ajouter du
raygrass ; un faible marnage ou un peu de chaux éteinte,
afin de corriger l'acidité des herbes, contraire à la lacta-
tion. — C'est ainsi que, moyennant une dépense de 15
à 16 fr. par hectare, j'étais parvenu à améliorer et tri-
pler les produits de mauvais prés : résultats dont M Vil-
morin père, notre excellent voisin, propriétaire du
domaine des Barres, s'est montré bien souvent émerveillé.

Les bois peu garnis devaient être semés en chataigniers *Soins à donner aux bois.*
ou plantés en bois tendres, en bouleaux, bois précieux et
recherché par les sabotiers et d'autres à croissance rapide.
— Les terrains médiocres en pins de Riga, avantageux
par leur croissance, précieux pour leur élagage comme
nourriture. et l'abri qu'ils offrent aux troupeaux. — Aux
terres meilleures, on réservait l'assolement suivant : *Assolement indiqué.*
Un quart blé ou seigle après jachère et colza ;
Un quart dont 2/3 trèfle, 1/3 pommes de terre, ruthaba-
    gas, navets, topinambours, sarrasin dit blé noir
    pour renfouir, trèfle incarnat pour bêtes et che-
    vaux, très-nourrissant lorsqu'il commence à être
    en graine ;
Un quart avoine.
Un quart jachère, dont 1/10 colza fumé.
. J'ai cru devoir reproduire en quelques lignes l'assole-
ment proposé, il tend à améliorer le sol, en préparant la
culture de céréales.

Un exploitation agricole offre des avantages quand on *Avantages assurés par une exploitation bien dirigée.*
s'en occupe sérieusement ; quand on l'entreprend dans
des conditions convenables ; quand on a des ressources
suffisantes pour fertiliser ses terres. C'est ce que je me

suis *efforcé de prouver en indiquant l'emploi de mes bénéfices* que j'avais faits en 12 années. — Les résultats que j'ai obtenus dès l'âge de 22 ans ne doivent pas paraître présenter de bien grandes difficultés à ceux qui, nés à la campagne, ont de l'expérience ; pour moi, à cet âge, tout se réduisait à avoir appris à monter à cheval.

Je suis entré dans ces explications par le désir que j'ai d'offrir des encouragements à mes compatriotes et de servir les intérêts de mon pays. Je viens parler tardivement de mes découvertes : je les avais indiquées ; il y a environ 15 années, mais des esprits envieux (il y en a toujours) ayant voulu faire croire que les solutions en étaient faciles, je leur ai laissé le temps pour le démontrer.

Les améliorations en agriculture sont lentes à se faire. Comment en serait-il autrement, lorsqu'on entend des chefs de famille, sans doute pour se donner plus de valeur, dire à leurs enfants qu'ils ne sauraient mieux faire que d'imiter leur réserve, qu'il est sage et prudent de suivre leur exemple. — L'indolence, ou plutôt le désir du calme et du repos, inhérent à notre nature, ne nous dispose que trop à écouter ces conseils. — Dans les mêmes conditions, il est probable que j'eusse fait comme eux, si, n'étant pas riche, je n'avais été dans l'alternative de réussir ou d'être ruiné.

Après 1840, l'expérience nous rendait les améliorations faciles ; des soins minutieux étaient donnés chaque année au choix et à la préparation des semences, surtout pour le chaulage ; aussi puis-je dire qu'il ne me souvient pas d'avoir eu des blés entachés de noir.

Aussitôt après l'enlèvement des récoltes, nous donnions un labour au binot ou à l'extirpateur pour nettoyer les terres et faire germer les mauvaises graines. Nous répétions ce travail, suivi de bons hersages, 2 et 3 fois. — Longtemps, à ces travaux préparatoires, j'avais fait succéder un labour *profond* au versoir, exécuté avant ou pendant l'hiver, ainsi que mes maîtres et prédécesseurs en agriculture le recommandaient, pensant que ces labours préparaient mieux la terre, la rendaient plus friable;

je dus m'abstenir de procéder ainsi (1).

Ce n'est qu'en hésitant que j'en parlai à mon regretté ami

---

(1) Actuellement on n'hésite pas dans le Nord : j'ai appris, à mes dépens, combien les labours dépassant 20 et même 18 centimètres sont ruineux pour la récolte. — Pour le prouver, mes beaux blés ont été obtenus sur un labour fait à l'aide d'un âne.

Pilat, lui disant « que je croyais les labours profonds peu avantageux. » — « Mais, me répondit-il, je suis absolument de cet avis, et celui qui, chez nous, obtient les meilleures récoltes, *n'a qu'un mulet pour labourer.* »

Pour la culture de la betterave, qui exige des sarclages, et dont la levée de la graine est difficile, il est important de ne procéder que par des labours préparatoires et superficiels, qui devront être suivis d'un autre au versoir *au moment de la semaille,* afin d'obtenir une levée plus prompte, — les sarclages en seront plus faciles et moins coûteux.

Il en est de même pour les blés. — Un labour plus profond est moins à redouter pour avoine et fève.

Une remarque à laquelle il est bien de s'arrêter : c'est que souvent nous avons entendu recommander une multiplicité d'instruments de prix élevé et peu utiles pour la plupart ; tenons-nous en garde contre ces conseils, donnés par des intéressés ou des personnes peu familières avec les travaux agricoles : l'observation, la pratique nous convaincront que les instruments simples, d'aspect parfois disgracieux, mais solides, que nous trouvons dans une contrée, ont presque toujours leur raison d'être, lorsque leur traction n'exige pas une grande force : on ne tarde pas à y revenir, si on les a remplacés par d'autres plus compliqués et d'un prix plus élevé : c'est une dépense qu'il eût été plus sage de consacrer à l'achat du bétail, qui toujours aura son utilité et son avantage, s'il en est fait un choix convenable, approprié au sol qui doit lui fournir sa subsistance. — Il est à noter qu'en Belgique, dans le Nord, dans les pays d'excellente culture, on ne voit que des instruments légers, simples, d'un prix modique ; ils sont peu nombreux et suffisent pour obtenir des rendements en blé de 30, 40 et 50 hectolitres. Combien de ces instruments complexes n'avons-nous pas vu relégués sous les hangars ?

Dans les Flandres, un versoir *sans avant-train,* un binot de même, pour fendre la terre et la dégager des herbes (1) ; dans une culture plus étendue, un extirpateur,

(1) On sait que la traction exige une force d'autant plus grande que le point de tirage est plus éloigné de celui de la résistance ; une des choses les plus utiles serait *l'essai au dynamomètre des instruments d'agriculture ; ce serait un bénéfice assuré de bien des millions, chaque*

Avis de M. Pilat.

Culture préparatoire
des racines.

Instruments compliqués
nuisibles et coûteux.

Instruments légers
recommandés.

Instruments
peu nombreux, simples
des cultivateurs
du Nord et de Belgique.

Nombreux instruments
relégués
sous hangars.

un semoir, un rouloir, une herse en bois suffisent pour ces récoltes dont je viens de parler.

Pour les terrains siliceux, on devra faire choix de la charrue Dombasle en fonte, sans avant-train.

Avantages de se pourvoir de bétail dans sa localité.

Les mêmes remarques doivent être faites pour le bétail, qu'il est avantageux de se procurer dans la localité : lorsqu'on est un peu connaisseur, presque toujours il est facile d'y faire un bon choix.

Expériences longues, difficiles, soins à y apporter, les ouvriers faisant des essais pour leur compte.

Passons aux expériences, aux soins qu'elles exigent.

Pour en obtenir des résultats, elles réclament une attention continue, minutieuse : la plus grande surveillance doit être exercée sur les ouvriers chargés du travail, afin que les quantités d'engrais, d'amendements, soient également réparties ; j'en ai vu, souvent, profiter de l'occasion pour faire des essais suivant leur convenance ; modifiant les quantités — cela m'est arrivé dans le Nord et dans le Loiret 4 à 5 fois. — si on s'en est aperçu ; le moindre inconvénient est une saison perdue ; en culture c'est la perte d'une année (1).

Nos essais importants comprenaient toujours 2 parties, qui se trouvaient intercalées avec 3 autres qui servaient de termes de comparaison ; j'estime nécessaire cette disposition pour parvenir à des résultats exacts.

Les 5 parts mesurées, délimitées, on avait à en préparer *séparément* les terrains, leur confier des semences diverses, souvent avec des modifications de culture ; au printemps, leur donner des soins variés ; lors de la récolte, couper, lier, compter, battre, vanner, mesurer, peser paille et grains, après avoir disposé de places bien distinctes pour chaque lot : ce sont 40 à 50 opérations longues, gênantes à faire durant et après la récolte, qui ne peut attendre, surtout lorsqu'on n'est pas favorisé par une bonne saison.

Trente années consacrées à la culture.

Ces travaux durent une partie de l'année. — J'ai consacré 30 années à l'agriculture ; j'en ai employé une partie

année ; c'est pourquoi au concours de Bruxelles on a pu remarquer le nombre restreint des instruments et leur simplicité.

(1) Cette année même, j'ai eu à subir ces désagréments ; des parties en blé ont été arrachées : on redoutait des essais qui auraient fait maintenir le prix locatif de la terre.

à des expériences : je dois déclarer que je n'aurais pu y suffire, si je n'avais eu à ma disposition un personnel intelligent et dévoué.

Ces explications démontrent les facilités qu'offre une exploitation agricole importante, les ressources qu'elle procure, ainsi que les travaux intéressants qui s'y exécutent, lorsque la direction est suffisante pour assurer le succès des récoltes : comment n'en serait-il pas ainsi ; lorsque les terres sont améliorées d'année en année par les labours, par des sarclages répétés, par des fumiers riches et abondants ?... Aussi en étions-nous venus à ne considérer que comme une conséquence naturelle une culture supérieure à celles d'autres cultivateurs : le travail, comme les avances, nous coûtaient peu ; pour nous assurer cette situation, qui se traduisait par des avantages annuels à la fin de l'année. *[Avantages, agréments d'une exploitation importante bien dirigée.]*

Nous subissions cependant, comme nos voisins, l'influence des mauvaises saisons, — les années peu favorables, je voyais des récoltes réduites de 25 et 30 pour 100 ; les soins donnés ne parvenaient pas à en atténuer *les effets* désastreux, qui en réduisaient les produits. — J'en vins à me demander pourquoi les causes n'en étaient pas mieux étudiées et si un remède ne pourrait être trouvé, lorsque *ces causes* cesseraient d'être inconnues. *[Mauvaises saisons, leur influence sur les récoltes, réflexions qu'elles provoquent.]*

Ce n'est pas sans hésitation que je me décidai à aborder ces recherches : je me demandais s'il était sage d'espérer connaître ce que des millions de cultivateurs, durant des milliers d'années, ne me paraissaient pas avoir pu découvrir ?...

Néanmoins, je me livrai à des observations nouvelles, à un examen attentif des champs qui présentaient des irrégularités en végétation : je ne me contentai pas de faire des investigations dans les champs voisins ; je les poussai vers d'autres régions, mais sans parvenir à trouver des indices qui pussent me guider ou m'éclairer. *[Observations, soins, résultats.]*

Si la réflexion, l'esprit d'observation sont nécessaires pour la direction d'une grande culture, ils deviennent indispensables pour surmonter les difficultés, lorsqu'une industrie y est jointe. *[Nécessité de l'observation.]*

J'avouerai qu'il m'étonne, néanmoins, que le découragement me soit rarement venu : on abandonne un projet pour bientôt le reprendre : *C'est avec raison que l'on dit que succès oblige, on peut ajouter qu'il encourage.*

<table>
<tr><td style="width:25%; vertical-align:top">

Nos découvertes diverses.

</td><td style="vertical-align:top">

Le souvenir des améliorations, des découvertes que l'étude m'avait facilitées en culture et en industrie, ranimait mon courage.

Dès 1831, c'était la découverte de la conservation de la pulpe de betteraves.

En 1837, un système d'évaporation instantanée des jus, qui donna lieu à l'appareil à double et à triple effet.

La modification du cordon Dombasle pour le cubage des bêtes de toutes espèces et l'appréciation exacte de leur poids, à 5 ou 6 kilog. près, de viande.

Les moyens d'obtenir chez un animal la graisse sur le dos en dehors, ou en dedans, afin d'avoir de la viande entrelardée, persillée.

L'emploi du goudron de gaz, qui encombrait les usines ; pour la composition des briquettes, par son mélange avec les charbons inférieurs et autres usages que la Société des mines d'Anzin a mis à profit.

La démonstration des causes de la maladie de la péripneumonie ; l'occasionner au moyen d'un traitement qui n'a aucun rapport avec le vaccin.

L'appréciation de la vitesse, de la force d'un cheval, ses dispositions à supporter une fatigue plus ou moins prolongée.

Le compte-rendu que j'en dois faire sous quelques mois, pourra présenter quelqu'intérêt à mes collègues agriculteurs ; je serai heureux de le leur soumettre. (1)

</td></tr>
<tr><td style="vertical-align:top">

L'organisation ancienne de notre établissement me laisse des loisirs et le calme pour l'étude.

</td><td style="vertical-align:top">

L'organisation ancienne de notre établissement me permettait de me livrer à des loisirs bien doux, qu'entretenait, dans le Nord, la solitude de champs immenses nous séparant de toute habitation : pour travailler, je m'installai souvent dans notre vaste cuisine, ancienne chapelle d'abbaye aux arceaux gothiques, dont les chroniqueurs faisaient remonter l'établissement au IXᵉ siècle. — Dans le Gâtinais, c'était le calme de plaines plus vastes encore : il est probable que cet isolement où j'ai vécu dès mon jeune âge a dû influer sur mes dispositions

</td></tr>
</table>

(1) Il en est parlé dans notre brochure, *Moyen de s'enrichir par la culture,* 2 francs.

aux rêveries, qui ont eu pour moi un charme tout particulier. — Je crois à cette influence qui m'a rendu *chercheur*.

Il est probable que sans elles, ayant des distractions par le contact de lieux habités, je me serais moins adonné à la surveillance de mes établissements, ainsi qu'à des recherches. — On croira facilement que cette situation convenait merveilleusement à mes goûts; les illusions auxquelles je me laissais quelquefois aller me permettaient d'espérer parvenir à ce grand résultat, que je croyais devoir être le *complément de ma vie agricole*.

Mon imagination n'était jamais plus disposée à se donner carrière, que lorsque, entouré d'ouvriers occupés à des travaux divers, je restais livré à ces préoccupations : il semblait que le mouvement qui existait autour de moi les stimulait, venait aider au développement de mes idées.

— C'est ainsi qu'un jour, appuyé contre un pilier de grange, alors que près de moi on criblait du blé pour semences (la récolte avait été peu productive), je voyais tomber les grains du crible ; je remarquai la faible quantité de grains pleins, ronds ; le grand nombre de grains petits, maigres.

Comme pour la pulpe, **j'avais trouvé** !...

Les effets, je les connaissais... ! Exprimer le bonheur que j'éprouvai serait difficile.

Prenant aussitôt une partie de grain vanné, je fis choix des mieux nourris, des plus beaux ; j'en remplis une mesure, je les comptai. — Je renouvelai l'opération avec les grains maigres : il en fallait, pour une même contenance, trois fois et demie le même nombre.

Ce résultat connu, il restait à obtenir des grains de bonne nature, bien développés, lourds. — Je n'eus guère à me préoccuper de la fécondation, ayant presque toujours trouvé quantité suffisante de grains : j'étais plutôt disposé à en sacrifier une partie pour obtenir une meilleure qualité (1).

(1) On s'était occupé souvent de la fécondation du blé, c'était une erreur ainsi qu'on le verra.

Je cherchais
dans les champs,
je trouve
à la grange.

Les effets enfin connus, nous avions à remonter aux causes : c'était la voie contraire que j'avais suivie.

Je comprenais pourquoi je n'avais pas réussi plus tôt : cherchant dans les champs ce qui m'était apparu dans la grange ; c'est ainsi, peut-être, que d'autres avaient procédé ; de là l'insuccès !...

Dès ce moment je connaissais le mal : mes recherches, d'incertaines qu'elles étaient, avaient un but ; *il m'était révélé... J'avais une direction, j'étais fixé !...*

Etudes
sur l'organisation
des plantes,
influence
atmosphérique,
observations,
recherches nouvelles.

Pour la végétation du blé, j'eus à étudier l'organisation des plantes, l'influence de la température, des engrais, de la sève ; les observations, les recherches faites, recueillies depuis nombre d'années, me furent très utiles. — Il s'agissait de bien connaître les causes qui tendaient à l'amaigrissement des grains ; restaient les moyens à trouver pour les faire disparaître, *au moins pour les atténuer.* — Le champ de mes investigations limité, quelques expériences me donnèrent le résultat que j'en espérais ; ces succès furent des encouragements.

Je m'étais attaché, lors de mes débuts, à observer, à noter les champs à grands rendements ; de nombreux essais avaient suivi, soit pour les engrais et amendements, soit pour les labours plus ou moins profonds (1) ; j'avais compris que l'humidité était peu favorable à la floraison ; j'avais remarqué également que, à culture égale, le climat du centre de la France était beaucoup plus favorable au rendement que celui du Nord ; que les fumiers, l'humidité aidaient à la nitrification des éléments et surtout de l'azote emmagasinés dans le sol qui devenaient alors assimilables pour les plantes, que l'oxygène de l'air aidait à la décomposition des matières azotées en réserve dans le sol, qu'il y aide par la fermentation que les labours superficiels activent (2) ; que l'air, la lumière jouent un grand rôle pour la végétation, la circulation de la sève ; qu'enfin la verse et même une végétation exagérée étaient

(1) Essais ont été continués 6 ou 7 années. (Voir *Moyens de s'enrichir par la Culture,* par le même, 2 fr.)

(2) L'oxygène aide à la germination ; c'est ainsi que la moitié des grains cultivés à 8, 9 centimètres, ne lèvent pas.

à redouter; — aidé de ces données, j'avais déjà obtenu jusqu'à 350 litres de blé de 100 gerbes donnant 4 kilog. de paille après le battage.

Depuis ma découverte de l'influence d'une mauvaise saison sur la qualité des grains, *leur nombre m'était toujours apparu suffisant*, ainsi que je l'ai déjà dit : *l'amaigrissement seul était à redouter; je résolus d'y parer, fût-ce aux dépens de la quantité pour aider au développement des épis faibles, avortés, pailleux, dont je remarquai le grand nombre.*

Deux ou trois années d'essais ne firent que confirmer cette idée, que les faits ne tardèrent pas à corroborer : savoir que la rigidité des tiges donne de bons épis, fournissant des grains nourris en abondance; leur grosseur détermine le volume comme le poids de la récolte.

J'avais la certitude de pouvoir annoncer que ma méthode, suivie avec exactitude, permettrait d'obtenir pour la France, un **rendement supérieur de 20 0/0; soit 20,000,000 d'hectolitres à 20 fr., 400,000,000 fr.** (1).

Nos essais répétés, suivis jusqu'en 1882, et certaines circonstances nous obligent à ne pas nous en tenir à 20 p. 0/0, mais bien de 50 à 60 pour cent d'augmentation moyenne de produit, — je veux dire qu'avant peu d'années notre moyenne de la récolte de blé, en France, atteindra de 20 à 21 hectolitres par hectare; bientôt, en Belgique, cette moyenne sera dépassée; cependant elle a beaucoup de terres mouillées et sablonneuses peu favorables pour cette culture.

Ainsi que je viens de le dire, toute réserve faite pour le rendement du blé dont nous aurons à parler ultérieurement, nous ajouterons : — nous mettrons nos soins pour obtenir des grains nourris qui remplaceront ceux maigres, desséchés, personne n'ignorant que les épis gros nous feraient obtenir des résultats désirés.

Nous remarquerons d'abord que les longues pailles molles ne donnent jamais de gros épis, que celles qui portent

(1) Ce sera dorénavant 50 à 60 0/0.

des épis dominant les autres ne sont pas aussi productives, que les récoltes à tiges élevées donnent moins en grains, ainsi qu'on pouvait le remarquer à la grande exposition de Bruxelles; on aura encore à redouter la verse; les herbes sont également nuisibles pour les récoltes.

Les plants serrés ne laissant pas l'espace nécessaire aux racines, ces dernières, surtout si le labour a été profond, s'enfoncent en terre où elles sont exposées à la pourriture, il en résulte des épis petits, pailleux : — les plantes privées d'air, de lumière, d'espace, de l'action des gaz atmosphériques ne peuvent manquer de s'étioler.

L'humidité peut encore occasionner des effets désastreux, — il en est de même des engrais chimiques riches en azote qui ne produisent que de l'herbe.

Ne pas oublier que le blé n'exige pas une terre fortement fumée, *que si l'azote est utile à la paille, les phosphates sont indispensables pour la grainaison.*

Il résulte de ces observations que tout excès ne pourrait que nuire à la culture du blé : les exemples à l'appui de cette vérité ne manqueront pas, à la suite de notre travail.

La plupart de nos cultivateurs trouveront ces observations nécessaires, nous allons nous occuper des moyens d'en faire notre profit.

Les cultivateurs qui emploieront nos procédés pourront compter sur un succès; ceux qui les auront suivis minutieusement obtiendront des résultats qui dépasseront leurs espérances.

Il me reste à en faire l'exposé, à les développer le plus clairement, le plus brièvement possible.

Nos recherches, l'observation nous ont fait connaître que les conditions les plus essentielles pour que la végétation d'une plante ait lieu dans de bonnes conditions, étaient que :

1° Pour le blé, la terre n'ait pas été fatiguée par des récoltes de même nature;

2° Qu'elle soit convenablement préparée et labourée, nous voulons dire peu profondément (1);

(1) Peu de domestiques seront de cet avis; si le sillon est moins profond, la charrue doit être mieux maintenue; puis la résistance étant moins grande, les chevaux avancent plus vite, ce qui n'arrange pas tous les laboureurs.

3° Qu'on doit donner une semence choisie, appropriée au sol ;

4° Que ce sol soit nu, purgé d'herbes, dont la végétation nuirait à la récolte ;

5° Qu'il soit assaini ;

6° Eviter pour les plantes un excès de végétation toujours nuisible ;

7° Maintenir une végétation *sage, régulière*, qui donne des tiges courtes, fortes et de bons épis ;

8° Trouver enfin les moyens d'obtenir le nombre le plus grand d'épis gros, riches en grains, et le nombre le plus restreint d'épis faibles et pailleux.

Si j'avais craint comme d'autres que ces conditions fussent difficiles à remplir, quelques essais auraient suffi pour me rassurer, — ceux qui se sont occupés sérieusement d'agriculture comme je l'avais fait, seront de cet avis.

Ces données leur suffiraient pour ainsi dire, si leurs essais s'étaient faits avec soin, bientôt ils auraient à constater les succès que je leur promets.

Nous savons donc que la culture du blé exige :

Mode de culture.

1° Que la terre ne soit pas fatiguée déjà par des récoltes de même nature ; le blé demande une terre exempte d'herbes ; les préparations superficielles, les sarclages lui sont particulièrement favorables ; *il est peu avide d'engrais ; un excès est même contraire à un bon rendement*, qui peut être favorisé par les phosphates ; c'est pourquoi la marne, qui en contient, lui est souvent utile ;

2° Nous supposerons que le blé succèdera à une plante sarclée ; un labour de 9 à 12 centimètres au versoir et un hersage seront suffisants pour recevoir la semence qui devra être confiée à la terre à l'aide d'un semoir : il est bien que ce labour soit fait la veille de la semaille et pas avant le 20 octobre (1);

3° On aura à faire choix de bon grain pour semence ; pour les terres peu fertiles, nous conseillerons :

1° Le blé anglais roux paille rouge ;

2° Le blé roux anglais à paille blanche pour les terres en bon état ;

3° Le blé de Saumur (productif) pour le centre de la France ;

4° Le blé blanc de Bergues et mieux le blé blanc anglais pour les terres riches ou fumées ;

5° Le scourgeon (froid) pour les trèfles fumés, ou terres récemment fumées, — cette orge d'hiver produit souvent de 55 à 65 hectolitres à l'hectare.

Il faut éviter de semer le blé de Bergues près des habitations, comme dans les lieux exposés à la déprédation des oiseaux ; tendre, l'écorce fine, il est l'objet de leur préférence ; il s'égraine facilement, si les vents le secouent ; mais il a le mérite de supporter mieux les premières gelées que les blés anglais ; néanmoins les cultivateurs de ce pays s'adonnent volontiers à la culture de ce dernier (2).

Les ensemencements seront faits à *la mécanique*, par lignes espacées de 24 à 27 centimètres, avec 110 à 115 litres de grain par hectare, du 20 octobre au 25 novembre ; plus tard on augmentera de 10 litres ; la couche de terre recouvrant le grain ne devra pas dépasser 3 centimètres, afin de ne pas le priver de l'oxygène nécessaire à sa végétation.

Si la terre est sujette au déchaussement, enterrer un peu plus : — l'emploi du semoir est, pour ainsi dire, indispensable ; néanmoins, si on était privé de cet instrument, y suppléer par un rayonneur construit à l'aide de deux traverses garnies de dents assez fortes : — pour

(1) Les blés ensemencés avant cette époque donnent des racines longues qui, plongeant dans la terre, seront atteintes par l'humidité durant nos longs hivers et seront exposées à la pourriture bien plus à redouter que les gelées ; c'est surtout à cette cause qu'il faut attribuer les manques de récoltes.

(2) C'est le moment de parler de grand nombre de petits oiseaux qui viennent ravager nos récoltes ; ils les attaquent avant la maturité des grains, se lancent aux javelles, plus tard se réfugient dans les meules où ils font d'énormes dégâts et même dans les granges : ils sont une cause de pertes énormes pour les cultivateurs.

renfouir, avoir soin de suivre avec la herse les lignes parallèlement, afin que le grain reste dans la raie tracée ; le grain aura dû avoir subi un chaulage ou un bain dans une solution de sulfate de cuivre ; un peu de sel de cuisine ajoute à leur action.

4° Si la terre n'est pas nette ; si, par des façons antérieures on n'a pas détruit les herbes et mauvaises graines ; il n'y a pas lieu d'espérer de récolte, car bientôt elle serait étouffée par elles. — On peut attribuer ce mauvais état des terres à l'incurie ou au travail peu intelligent des laboureurs ; au lieu de préparer la terre par des labours superficiels et des hersages pour faire germer les graines, extirper les herbes et les faire périr : Ce travail fait imparfaitement, ils retournent le sol au versoir ; les herbes, placées ainsi entre deux terres, végètent et les recouvrent bientôt : on ne saurait obtenir qu'une récolte mauvaise dans des champs ainsi préparés.

5° Si le terrain n'est pas assaini, on ne peut espérer qu'une faible récolte : j'admets l'humidité, mais non une terre constamment mouillée ; néanmoins, on peut y remarquer de la végétation jusqu'à ce que les racines parviennent à certaine profondeur, pour ne donner ensuite que des pailles faibles qui ne peuvent produire que des épis dégénérés : les labours, dans ces terrains, doivent se faire par *planches* suffisamment *bombées;* c'est ainsi que dans le Nord et en Belgique, on obtient des récoltes admirables. — Il y a lieu de remarquer que sur des sols qu'on peut considérer comme secs, il existe des dépressions qui, lors des pluies, offrent comme de petits étangs partiels ; par des labours raisonnés, on doit faire en sorte de les faire disparaître. — Ces accidents prennent de plus vastes développements lorsque les grains, *semés dans une saison hâtive* (en septembre ou commencement d'octobre), offrent une végétation trop active avant et durant l'hiver, le plant, touffu comme un gazon, souffre, jaunit; aux premières pluies du printemps, *les racines pourrissent ; la rouille apparaît ;* si cette situation prend de l'extension, *c'est un véritable désastre : c'est la menace d'une disette de grains...* Il en a été ainsi en 1879; chacun, au printemps, prédisait une bonne récolte. — Je dirai, au contraire : *méfions-nous d'un avesti fort, trop beau d'apparence au printemps ; presque toujours une récolte mauvaise sera imminente ;* — je conseillerai de ne pas commencer les semailles avant le 15 octobre pour les seigles, les hivernages et les scourgeons, pour terminer vers les premiers jours de décembre (1).

6° Nous avons indiqué le choix de différents blés, suivant la nature et la fertilité de la terre ; nous donnons la préférence à une végétation tempérée, *pour éviter la verse* qui ne donne que des grains maigres ; les cultivateurs, pour y parer, font passer un troupeau dans les champs où le plant est trop vigoureux ; ce système est mauvais : les moutons s'attaquent aux plantes plus faibles, qui leur offrent des pousses plus tendres. — Nous préférons employer un faucheur, qui ne coupe que les extrémités fortes déjà inclinées ; les parties faibles sont ainsi ménagées ; il ne faut pas s'effrayer de la dépense, certaines places seules réclament cette opération, à laquelle un quart de jour de travail suffit, pour 1 ou 2 hectares ; il convient de dire que très souvent il y a lieu de la renouveler : *c'est un soin que je ne saurais trop recommander* (2).

Taille des blés.

7° Le travail que je viens d'indiquer est indispensable. Il tend à faire que les tiges de blé soient égales, régulières; c'est-à-dire aussi productives que possible. — J'insiste sur ce fait, qu'il est facile de constater ; *une tige élevée donne rarement un bon épi;* celles qui sont faibles, petites, ne donnent que des épis atrophiés, étouffés qu'ils sont, faute d'air, de lumière et de nourriture.
La faux tend à remédier à ces inconvénients ; *arrêter les unes, c'est fournir l'alimentation et l'air nécessaire aux autres. — Le sarclage, l'espacement des plantes est nécessaire, comme la taille et l'élagage aux arbres. — Comprenons bien ce fait (que jamais l'expérience ne viendra contredire); si toutes les tiges étaient rigides, égales, on n'aurait que de bons épis,*

Moyen d'avoir de bons épis.

(1) Nous avons obtenu des récoltes fort belles à la suite de semailles faites après cette époque : je n'hésite même pas à semer du blé en janvier et commencement de février : souvent on s'en est trouvé bien.

(2) Je conseille une taille *hardie,* faite en temps, répétée même ; on en obtiendra des résultats qui auront lieu d'étonner ; la taille des arbres à fruits tend à en augmenter le volume; il en sera de même pour le blé; le pincement des plantes est également avantageux : si devant y procéder tardivement, du 15 au 20 juin, on craignait d'attaquer l'épi, on choisirait des tiges les plus élevées, on les fendrait, on verrait alors jusqu'où la faux doit couper. Il est bien de laisser 8 à 10 centimètres au-dessus des épis les plus élevés.

*on parviendrait ainsi à une perfection idéale et certai-
nement à la plus grande somme de rendement.*

8° Dans ce chapitre où il est question d'obtenir le poids
le plus élevé en épis, on n'y parviendra que si on a des
pailles belles, uniformes; nous répèterons que nous ne les
aurons ainsi qu'autant que l'espace, l'air, la lumière ne
leur feront pas défaut; en dehors de ces conditions, aucun
succès sérieux. — Un bon jet donnera un bon épi,
pour cela il faut que toute plante, toute tige *ait une part
égale de la nourriture que leur fournit le sol, comme celle
qui leur sera donnée par l'atmosphère.* — C'est pour
cette raison que *j'ai insisté sur le mode d'ensemencement
à la mécanique, en demandant les lignes espacées de 24
à 26 centimètres,* une quantité de graines indiquée, régu-
lièrement placée pour l'aération et faciliter le passage
d'une rasette qui détruira les herbes, rendra le sol perméable et buttera légèrement le plant (1); d'autres se
serviront d'une herse : ce dernier travail laisserait à
désirer... Je préférerais un *ploutoir* léger, composé de
plusieurs traverses armées de petites dents dépassant de
12 à 15 centimètres, assez aiguës. — Si des parties du
plant étaient trop drues, il serait indispensable de les
éclaircir à la houe : avec un bon semoir, ces inconvénients
ne sauraient exister.

*Si le grain, qui devra être de choix et d'espèce appropriée
au sol, est suffisamment espacé dans les lignes;
comme entre lignes; sa végétation sera régulière;
il jouira d'une aération qui lui* permettra de lutter
contre l'humidité et l'intempérie des saisons : *surtout si, ayant tenu compte des soins déjà recommandés, on évite la verse :* — on aura lieu de
compter sur une bonne récolte.

Etre convaincu qu'une bonne tige produit de bons épis,
que de bons épis donnent de bons grains, de là une

(1) J'indique un travail supplémentaire qui souvent est exécuté par
le cultivateur soigneux, surtout quand la terre est glacée, compacte,
j'estime ce travail à 10 fr.; le semoir, d'autre part, économisant 75 à
80 litres de grain, on voit que je suis *modéré.* — Au besoin, une houe
à cheval ou une herse légère suffiraient ; la houe à cheval pourrait se
composer de deux traverses ou d'une pièce de bois assez large dans
laquelle seraient fixées trois dents pour passer entre chaque ligne, en
laissant un espace suffisant pour ménager la ligne du grain.

récolte riche et abondante. — Pour y parvenir, nous demandons :

Espacement des lignes de 24 à 27 centimètres.
Terre nette, en état, tiges égales, pailles courtes,
raides (1).

Les agriculteurs voient que nous différons de ceux qui admirent les tiges élevées : c'est par ces moyens, qu'en 1879, alors que les bonnes terres n'ont donné, chez nous, que 17 à 18 hectolitres à l'hectare, — j'en obtenais 35, dans un champ de même nature qui n'avait pas eu de fumier depuis 6 ans.

Mais en 1880, dans certains essais, j'ai eu des résultats bien supérieurs et peu croyables qui dépassent de beaucoup les 20 °/₀ annoncés ; j'aurai à les indiquer puisqu'ils peuvent être un encouragement pour les cultivateurs (2).

La récolte.

Nous voilà arrivés au terme des soins à donner à notre culture du blé, — il va falloir le faire couper lorsque la paille encore verdâtre sera jaune vers son extrémité, sans attendre que la maturité soit plus complète. — Dans ces conditions, on aura la peau du grain plus fine, le grain mieux nourri, plus lourd : *si le poids du son est moins grand, il en est autrement pour la farine.* C'est à ce moment et sans plus attendre que la moissonneuse sera utile et qu'il faut se hâter sans écouter les ouvriers qui, ayant une paille plus ferme à couper, auraient à faire un effort plus énergique pour exécuter ce travail : c'est un essai dont j'ai eu à m'occuper dès le commencement de mes travaux agricoles et dont j'ai pu profiter, heureux de n'avoir pas écouté les plaintes de ceux qui disaient que je perdais mon blé.

Comparaison pour récoltes diverses, poids de récolte, poids des épis, nombre des épis.

Il me paraît utile d'indiquer un essai comparatif fait dans notre champ sur un mètre carré de blé, auquel nous donnerons le n° 1 ; une partie égale de belle venue d'un

(1) Les blés anglais offrent des facilités (la taille aidant) pour y parvenir.

(2) Les 20 °/₀ indiqués sont, bien entendu, proportionnés avec le rendement d'un même champ donné pour essai, cultivé suivant le mode ancien : les Anglais obtiennent par hectare une moyenne de 25 hectolitres ; les Belges, 20 ; les Français, 13 ; leur rendement est cependant doublé depuis 50 ans ; les Américains, 12.

champ voisin, n° 2 ; une autre qualité moyenne, n° 3 ; nous en avons obtenu les déductions suivantes :

	POIDS EN GRAMMES			QUALITÉ, NOMBRE DES EPIS						
	gerbes	paille	épis	choix	beaux	moye.	moindr.	petits	pailleux	total
N° 1, blé chez nous,	180 gr.	115 gr.	65 gr.	35 +	52 +	53 +	60 +	24 +	6 =	230 épis
N° 2, blé beau voisin,	150	110	40	12	13	31	48	40	40	184
N° 3, blé moyen,	70	40	30	11	11	18	21	40	55	156

Pour le *poids de la gerbe,* la différence est faible du n° 1 avec le n° 2, mais grande avec le n° 3.

Pour les pailles, même observation.

Pour le poids des épis, la différence est plus marquée ; du n° 1 au n° 2, près de 40 °/° ; du n° 1 au n° 3, 107 $\frac{78}{100}$ °/°.

Pour le nombre des épis, la différence est moins grande : le n° 1, 230 ; n° 2, 184 ; n° 3, 156.

En épis de choix, beaux, moyens : n° 1, 140 ; n° 2, 56 ; n° 3, 29.

Il s'en suit : que la différence de rendement doit être relativemunt énorme, surtout en comparant le nombre des épis *petits et pailleux,* c'est-à-dire presque inutiles : le n° 1, 30 ; n° 2, 80 ; n° 3, 95 ; la perte est grande.

Ces relevés offrent une contre-épreuve parfaitement d'accord avec la quantité de mauvais grains qui avaient frappé mon attention dans la grange, — ils confirment l'exactitude de mon appréciation première et constatent l'efficacité de ma méthode.

Pour les plantes sarclées, pour les arbres, afin d'en obtenir de bons produits, on leur donne des soins particuliers ; on doit s'étonner que le blé, la plante essentielle, la plus utile à l'homme, en ait été privée jusqu'ici...

Ainsi que les racines et plantes sarclées, pour obtenir de bons produits le blé exige des soins.

Pour ne laisser aucun doute, qu'on prenne une gerbe de blé non battue, qu'on examine et compte la quantité de tiges faibles. sans consistance, qui n'ont pu fournir que des épis pailleux, malingres, *restés dans le pied ;* on comprendra qu'ils sont peu utiles pour la production du grain et qu'il y aurait grand avantage à les obtenir plus complets, mieux nourris. — Tel a été l'objet de nos recherches.

La même remarque nous frappera, si, en présence d'un champ de blé sur pied, on réunit entre les mains certain nombre de tiges : plus on verra d'épis petits, peu réguliers, moins la récolte sera satisfaisante ; — par notre méthode, cet inconvénient disparaîtra en partie. — En effet, le tableau ci-contre indique, pour le n° 1, 30 épis petits, pailleux ; le n° 3, 95... De là un grand écart pour le rendement augmenté encore, comme il arrive souvent, par un nombre plus grand d'épis : n° 1, 230 ; n° 3, 156.

Je pense que ce moyen de comparaison est simple et facile. — Je le conseille aux personnes qui ont vu mes blés sur pied et qui en visiteront d'autres, il en est de même des gerbes à la grange.

Production de 50 hectolitres à l'hectare.

Je ne parlerai pas de mes essais de l'année 1880 ; l'un d'eux dépasse 50 hectolitres à l'hectare ; durant ma longue carrière agricole, jamais je n'en avais vu d'aussi régulier, d'aussi beau.

La première édition, de *la Culture nouvelle du Blé*, étant presqu'épuisée, la réimpression de la deuxième me permettra d'offrir le résultat de quelques essais faits depuis 1879 ; ils sont nombreux en 1882, ils s'élèvent à plus de 70 : citons-en un qui a fixé mon attention, il pourra paraître intéressant à quelques-uns de mes lecteurs.

Exemple d'une récolte aux 2/3 couchée en juin fauchée à 0m35, qui rapporta 41 hecto 50 litres.

Un propriétaire, dont la terre avait été délaissée par le locataire, n'en trouvant pas un autre ; il désira ensemencer le tiers (un hectare) d'une pièce en blé, — il me demanda de lui indiquer les travaux à exécuter, les soins à prendre, — mais on sema en lignes trop rapprochées (0m16), et au lieu de 110 litres de semence (175) ; le champ sortait d'avoine (mauvais déroyage) ; fumier de cheval clair, 400 tourteaux, blé blanc, sur terre de deuxième qualité qui fut ensemencée vers les derniers jours d'octobre ; — jusqu'en mai tout alla bien, mais à cette époque, par un zèle mal entendu, ou des obsessions étrangères, on sema 100 kilog. nitrate de soude : par suite, végétation extraordinaire, le blé poussa en vert ; trois semaines après, les deux tiers du champ étaient couchés, le propriétaire vit sa récolte compromise ; on eut recours à moi : quoique mécontent, il me plaisait assez de tenter de sauver cette récolte ; je demandai carte blanche, ce qui me fut accordé : le lendemain, j'y installai un faucheur pour abattre 0m30 de tige au blé pour en laisser 0m45 ; cet ordre ne fut pas

Récolte **1879** : Terre non fumée depuis 6 ans, cultivée suivant la méthode X. PINTA, près Arras, **35** hectolitres à l'hectare.
Remarquer la force, la régularité des tiges, presque tous épis uniformes, peu dans les pieds. Terres voisines, de même nature, **17** à **18** hect.

(Voir avec un verre grossissant).

Nᵒ 1. Gerbe suivant mon système, sans engrais, après betteraves.
Nᵒ 2. Même blé par culture ordinaire, — pailles plus minces, — épis
    moins beaux, disséminés dans la gerbe, surtout dans le pied
    et vers les deux tiers de la hauteur, pailles plus faibles, ne
    pouvant donner que des épis moins garnis.
Nᵒ 3. Talles ou éteules arrachés ; un grain ayant produit 5, 6, 7 tiges,
Nᵒ 4. Epis coupés.
Nᵒ 5. Pailles garnies d'épis.
Nᵒ 6. Plantes raccourcies, avec leur terre.
Nᵒ 7. Plantes arrachées, complètes.

ponctuellement exécuté, grâce à une intervention nouvelle, la coupe fut faite à 0ᵐ50; mécontent, je fis cette
fois raccourcir, par mon faucheur, le reste du champ à
0ᵐ35; de plus, pour une partie, on supprima une ligne
sur deux; celles restantes étaient à 0ᵐ32, tels furent les
produits obtenus et vendus au marché.

1ʳᵉ partie coupée à 0ᵐ50 lignes à 16 produisit 30 hectol. 95 épis
2ᵉ   —   —   0ᵐ35   —   16   —   41   —   50 —
3ᵉ   —   —   0ᵐ35   —   32   —   48   —   80 —

Différence de produits de la première à la troisième :
17 hectol. 85, soit 18 à 22 — 396 fr., exemple frappant
de la nécessité de la taille.

Un traitement énergique a sauvé la récolte, l'espacement doublé, et à 0ᵐ32 a fait augmenter la récolte de
50 0/0.

L'ensemble de la vente a été :

41 hectolitres 50 litres à 22 fr. . 913 ⎱ 1,213 fr.
Si on ajoute 1,200 gerbes, 25 0/0. 300 ⎰

1,213 fr., récolte d'un hectare en blé, plus les déchets.

La terre n'avait pas une valeur du double, c'est un fait
à remarquer; mais nous en aurons à citer qui ne seront
pas moins intéressants.

J'ajouterai que cette culture n'a donné lieu à aucune
dépense nouvelle, si on tient compte de la mise en état
d'une terre qui avait porté *deux récoltes d'avoine* et
consécutives : une récolte fumée en plantes sarclées m'aurait paru préférable. — Le fauchage a coûté 6 francs,
le moins de semence a largement compensé.

Il s'ensuit qu'il ne suffit pas de semer en lignes, d'être
économe de grain : il faut encore faire intervenir *la taille
du blé*, pour donner de la force aux tiges, arrêter celles
gourmandes, ainsi qu'aux arbres à fruits et autres, au
profit de celles faibles.

Lors du battage qui fut fait sur le champ, à l'aide de
la vapeur, arrivant pendant le travail, je témoignai à
celui qui y présidait mes regrets de n'avoir pas fait
mettre à part des gerbes de la troisième partie : « Oh! me
dit-il, il est facile de les connaître au poids »; en effet,
il m'en montra aussitôt : elles étaient admirables d'aspect
et de poids; les épis superbes, égaux, fournis.

J'avais eu le soin de constater le nombre des épis, suivant leur qualité et leur rendement, ainsi qu'il est inscrit
au tableau ci-joint. — Notre calcul s'applique à 10 cen-
tiares, 10 mètres carrés.

Exemple à consulter.
Différence de taille et
d'espacement.
396 fr. sur un hectare.

	beaux	moyens	ordin.	petits	nombre	par hectare
3e partie, épis	560	710	605	505	2,380	2,380,000 épis
1re — —	65	3i5	1,005	1,105	2,520	2,520,000 —
3e — volume	2,150	1,400	880	450	4,880	48 hect. 80 lit.
1re — —	215	550	1,450	880	3,095	30 95

Il est à remarquer que la troisième partie a donné 140,000 épis en moins pour donner 18 hectolitres environ en plus.

3e partie, beaux et moyens épis, 1,270; ordinaires et petits, 1,110 épis.
1re — — — 765 — — 2,339 —

Différence en moins : 505 En plus : 1,565.

Ces observations s'appliquent à la même pièce de terre cultivée, ensemencée de même le même jour, sauf pour ce qui concerne ce qui y a été fait en mai et juin pour la taille.

J'avouerai que jamais je n'aurais espéré des résultats semblables, lorsqu'en juin l'avesti couché m'apparaissait fortement compromis : cette expérience, qui a eu en moyenne 41 hectol. 50 de blé en un hectare, indique que ce moyen radical peut être très-utile; nous en déduisons l'avantage de semis en lignes écartées de 24 à 26 centimètres, comme très-utiles.

Nous ferons suivre ces réflexions d'un autre essai tout différent.

On m'avait donné, dans le département de l'Aisne, une gerbe à examiner, à apprécier; dépouillée de ses épis, tels en furent les résultats :

	POIDS GRAM.			épis		GRAMMES	
	épis	grains	paille	épis		grains	paille
Beaux..	470	655,4	248,6	50 ont donné :		72,5	27,5
Moyens	720	720	240	75 —		75	25
Petits..	1,440	517,2	344,8	174 —		57,5	42,5
	2,630	1,892,6	833,4	301 épis		205 gram.	95 gram.

Nous avons à remarquer le grand nombre d'épis petits, 1,440, n'ayant donné en grammes que 517 gr. 2, lorsque 470 épis beaux ont fourni en grammes, 655,4.

Si les 1,440 épis petits avaient fourni autant que les beaux, on aurait obtenu 2,007 gr. 6; 470 : 655,4 :: 1,440 : $x = 2,007,6$.

Différence : près de 300 pour cent.

On voit que ce n'est pas trop dire qu'on atteindra des rendements supérieurs de 50 à 70 0/0 (1).

Augmentation de 77 % en rendement, farine blanche.

(1) Un agriculteur qui avait usé de ma méthode dans le Midi n'a pas craint de déclarer, dans un journal d'agriculture, 150 0/0 d'amélioration; — c'est beaucoup comme moyenne.

Le champ où avait été récolté la gerbe a donné environ 20 hectolitres.

D'autres cultivateurs ont pu, dans des conditions exceptionnelles, obtenir 58 et 61 hectolitres; il n'est que le premier produit que j'ai eu à constater par moi-même, malgré que le deuxième m'ait été assuré par des personnes très-sérieuses.

Un grain de blé a produit 86 tiges, il n'est pas rare d'en voir 30 et 40 sur une seule plante.

Dans mes essais récents, j'ai eu à constater, comme rendement le plus élevé, 53 hectolitres 85 litres.

J'appellerai l'attention sur deux rendements magnifiques :

		beaux	moyens	ordin.	petits	total	rendement par hect.
C	épis...	555	400	810	820	= 2,585	2,585,000 épis.
C	volume.	1,600 lit.	950	1,325	920	= 4,800	48 hectolitres.
D	épis...	560	565	615	655	= 2,395	2,395,000 épis.
D	volume.	1,675 lit.	1,620	1,250	840	= 5,385	53 hectol. 85 lit.

En C	les extrêmes diffèrent....	555 : 820	}	48 hectolitres.
	les moyens —	400 : 810		
En D	les extrêmes presqu'égaux.	560 : 655	}	53 hectol. 85 lit.
	les moyens diffèrent peu..	565 : 615		

Rendement de 48 et 53 hecto 85 litres.

De là, rendement plus élevé, le nombre des épis, par catégorie, étant presque le même.

Les beaux épis donnant en moyenne... 3 millièm. de lit.
Les petits un peu plus — de 1 — —
Nous avons vu les petits ne rapportant que moitié.
C en moyenne, beaux épis, moins de 2,00 millièm. litre.
D — — plus de 2,24 — —
De là, différence en rendement, 48 : 53 hectol. 85 litres.
Quoique C ait dépassé D de.... 190,000 en épis,
D a dépassé en volume C de.... 5 hectolit. 85 litres,
preuve que le plus grand nombre d'épis n'est pas à rechercher. — Les semis *clairs* sont toujours avantageux, si les tiges exubérantes ont été retenues par la taille.

Le nombre d'épis le plus avantageux reste de 2,300,000 à 2,500,000 par hectare.

Cet exposé ne paraîtra peut-être suffisamment clair à

certains cultivateurs, nous essayerons de leur soumettre un calcul plus simple.

On admettra que si, en moyenne, les blés donnent 3 millimètres de diamètre, les nôtres mieux nourris, plus gros, en donneront 4 ; on devra dire :

$$3 \times 3 = 9 ; \quad 4 \times 4 = 16 ;$$

on trouve ainsi une différence 7 (de 9 à 16) ; on pourra établir la proportion suivante :

$$9 : 7 : : 100 \, x = 100 \times 7 : 9 = 77 \, °/_°, 77.$$

Si donc la récolte en France était de 100,000,000 d'hectolitres, on pourrait obtenir un rendement supérieur de 77,777,777 hectolitres (1) en suivant notre méthode : — quelle valeur en plus !...

La conséquence infaillible de notre supériorité sont des grains mieux nourris, une écorce plus fine pour le blé, farine plus abondante et plus blanche ; ce serait encore un superbe bénéfice à ajouter, à moins que par négligence ou retard, *pour le fauchage*, le grain ait perdu de sa qualité.

Prix de la journée en Amérique.

Malgré ces exemples, ces démonstrations encourageantes, il semblerait que c'est un parti-pris pour quelques uns de vouloir effrayer nos cultivateurs par la concurrence des blés d'Amérique ; notons, avant tout, que la journée de travail s'y paie de 6 à 10 fr. M. Dalrymphe, dans son immense exploitation dans la province de Dacota, *paie ses hommes 8 fr. 75, plus la nourriture* ; M. Ronna indique les prix du blé et le nombre d'hectolitres à l'hectare comme suit :

Blé d'Amérique, leur prix moyen.

Rendement de 5 à 13 hectolitres, moyenne 9 hectol.
Prix de revient 6 à 9 fr.   —   7 fr. 50
Prix de vente 15 à 20 fr.   —   17 fr. 50

(1) Une proportion géométrique posée pour calculer l'aire du cercle eut été moins claire, les résultats les mêmes ; les surfaces semblables étant comme le carré des côtés homologues.

Si on considère les comptes détaillés de culture, les uns les font dépasser 150 fr. l'hectare, les autres les mettent à 67 fr. 50, je ferai observer que c'est bien peu pour des journées à un prix aussi élevé, car le blé ne s'est pas semé seul.

Le gouvernement anglais a chargé MM. Clare Read et Albert Peel, membres du Parlement, de se rendre sur les lieux pour faire une enquête sur l'état de l'agriculture en Amérique ; il résulte de leur rapport, dont le gouvernement français a fait faire une traduction, qu'ils fixent la dépense pour le prix du travail des hommes, des chevaux, etc. à 10 dollars l'acre, soit 125 fr., compris le coût du charroi du grain à 10 kilomètres ; ils calculent que les fermiers obtiennent une moyenne de 11 hectolitres et qu'ils peuvent, *pour ne pas y perdre*, livrer le blé à la station voisine, à 12 fr. 06 l'hectolitre : ils font observer que le prix du frêt par eau est moitié de celui par chemin ferré ; que les glaces interrompent les transports plusieurs mois de l'année. — A ce prix de 12 fr. 06, il faut ajouter les frais suivants :

Prix de l'hectolitre pesant un peu moins de 75 kilog.

Rendu à la station	12 fr. 06
Transport à Chicago	2 80
De Chicago à New-York	2 25
De New-York à Liverpool	2 10
Factage en Amérique	» 50
Frais à Liverpool	» 96
	20 fr. 67

12 fr. 06 c. considéré comme prix de revient auquel il faudrait ajouter 8 fr. 61 c. pour transport et frais

Tels sont les chiffres recueillis, qu'on peut considérer comme officiels ; ils paraissent faibles, lorsqu'on sait que ces grains nous viennent d'environ 11,000 kilomètres (2,750 lieues).

Il y aurait encore des frais à ajouter pour les recevoir dans nos ports, leur mise en wagon, etc. A ce prix, *il n'est pas laissé de bénéfices au fermier, ainsi qu'aux intermédiaires.*

On voit que cette concurrence n'est pas bien redoutable pour nos cultivateurs.

Pour lutter avec avantage, il nous reste à augmenter notre bétail ; mais, dira-t-on, des nourritures. — Pour en

Le bétail nécessaire.

Moyens de le nourrir.

produire, il suffit d'en demander à la terre : on a les résidus de fabriques de sucre, des distilleries, des malteries, des brasseries, dans le Nord; ailleurs, les marcs de cidre, de raisin; les cultivateurs ont la luzerne, le trèfle, le trèfle incarnat, la minette, dans les terres plus sèches; les betteraves, la pomme de terre, les topinambours, ruthabagas, navets, choux de vaches : on ne peut contester qu'à l'aide de plantes renfouies en vert, comme colza, sarrazin, on n'obtienne la plupart de ces fourrages dont je pourrais continuer l'énumération.

La production du blé doublée depuis 50 ans en France.

Depuis 50 années, la production du blé a doublé en France, sans que l'étendue de la terre cultivée ait été sensiblement augmentée : espérons que de nouveaux succès enrichiront la culture. — Nous avons un regret à exprimer, c'est qu'on délaisse les produits de la basse-cour; — on croit souvent suppléer au fumier de ferme par les engrais chimiques (1). A Berthonval, la cour contribuait seule, pour ainsi dire, à fertiliser les terres, en nous laissant un bénéfice de 14 à 15,000 fr., ce qui n'était pas à dédaigner; dans le Loiret, les bêtes à cornes, à laine, les porcs donnaient un bénéfice *presque double* de la valeur locative de la ferme.

Nos fermiers, en négligeant ces avantages, ne paraissent pas comprendre les ressources dont ils se privent.

Prix exagéré de la main-d'œuvre en Amérique, avantages dont nous jouissons en France.

Quels avantages n'avons-nous pas en France; on paierait trois ou quatre de nos ouvriers, avec la journée qu'en Amérique on donne à un seul!... les femmes y gagnent 5 à 6 fr.; les hommes, 9 à 10 fr.; un soldat est payé 7 fr. 50, — nous n'avons pas à supporter les frais énormes de 8 fr. 60 de transport; — il est d'autres denrées qui viennent s'ajouter à nos bénéfices tout en facilitant la culture du blé; — le bétail, la basse-cour offrent de grands avantages pour ceux qui s'en occupent avec soin, activité, intelligence.

Est-il bien que nos cultivateurs se laissent aller au découragement et ne sachent pas profiter des facilités qui leur sont offertes?...

Il est vrai qu'on a souvent de bonnes paroles pour l'agriculture, ce qui n'empêche pas d'ajouter, chaque année, à ses charges; elle ne sait pas plus se plaindre que se défendre; que n'imite-t-elle l'industrie?... Favorisée, elle

(1) Les produits chimiques peuvent être recommandés pour aider à la germinaison des graines de levée difficile, soit pour écarter les insectes nuisibles. — Le plâtre ou les cendres sont indispensables pour les trèfles, luzernes et autres plantes fourragères.

se lamente; — certaine de ses marchés à l'intérieur, de la vente de ses produits à nos campagnes, elle ne cesse de demander des subventions, des droits protecteurs; les villes, par l'exagération des octrois, de ses droits de marchés, viennent encore ajouter aux charges de notre agriculture, et, faut-il le dire, la bière, la boisson du pauvre, paie *des droits plus élevés que le vin;* est-il quelque chose de plus étrange?

Il est encore une chose plus extraordinaire, moins croyable!... Il est donné à l'habitant du Midi de boire du vin, produit de sa récolte, cela n'est pas permis à l'habitant du Nord; — bien plus, le pauvre ouvrier n'est pas libre de se préparer une boisson, *une tisane avec le son,* écorce de son blé, si elle a fermenté; ce n'est qu'à cette condition qu'elle se conserverait, qu'elle serait rafraîchissante, utile à sa santé, à celle des siens; je ne sais si dans ces conditions, il aurait le droit de tremper son pain dans l'eau pour sa boisson; — espérons qu'enfin on se montrera plus juste, plus équitable pour ces malheureux, s'ils pouvaient avoir pour eux et leur famille une boisson indispensable; souvent on les verrait moins dans les cabarets; il y en aurait moins dans les hôpitaux et les prisons.

On me pardonnera mes préoccupations à l'endroit de nos ouvriers de campagne et de nos cultivateurs; il est de ces abus qu'il faut supprimere : c'est undevoir pour nos gouvernants.

J'ai dit et je répète qu'on peut obtenir du blé à 12 fr. l'hectolitre; si on n'était pas de mon avis, j'accueillerais volontiers les objections qui me seraient faites : avant 1850, et de 1850 à 1865, le cultivateur actif, à son affaire, loin de se plaindre, se montrait satisfait de ses bénéfices : nous vendions alors le blé de 14 à 16 fr. l'hectolitre; pourquoi n'en serait-il pas ainsi alors qu'on le vend 20 fr.?... On objectera l'élévation du prix de la main-d'œuvre dont le petit cultivateur, s'il est chargé de famille, profitera : cette augmentation s'élève généralement à 80 pour cent; ceux qui gagnaient 1 fr. 25, gagnent 2 fr. 25; différence : 1 fr.

Il faut pour la culture, récolte, transport, battage de un hectare en blé, 35 à 40 journées d'hommes et femmes ; nous supposerons 40 francs de frais en plus pour 20 à 24 hectolitres, sans tenir compte des améliorations dont nous nous occupons ; on vend le blé, non 15 fr. en moyenne, mais 20 fr., différence : 5 fr. $\times$ 20 = 100 fr.

Avec 100 fr., on a à payer 40 fr.

Il reste donc un bénéfice.

Les nourritures, tourteaux, sont augmentés : c'est un avantage pour le cultivateur qui vend ses graines, ses bêtes, sa volaille, la viande plus cher, comme ses autres denrées.

Ce que nos cultivateurs doivent exiger de leurs représentants.

Que nos cultivateurs cessent donc leurs plaintes, mais qu'ils exigent de leurs députés, la promesse d'insister pour obtenir plus d'économie dans les dépenses ; des droits moins élevés pour les entrées dans les villes, pour les marchés ; des impôts plus modérés, surtout pour les boissons ; *parité de charges* pour l'habitant du Nord comme pour celui du Midi, pour les cultivateurs et les industriels, pour les habitants de la campagne comme pour ceux des villes ; — les charges, réparties plus également, seront plus faciles à supporter ; — les bois de construction, le combustible, le fer pour leurs instruments, le cuir pour les harnais, leurs chaussures ; que ces objets, même travaillés, aient leur entrée en franchise. Toute satisfaction doit être donnée en cela à la grande majorité de nos populations, à la plus souffrante ; — toute personne réfléchie, raisonnable, applaudira à la justesse de ces demandes ; tous considérant comme un devoir d'accueillir des réclamations utiles, nécessaires à nos habitants de la campagne, comme aux propriétaires et à la société.

Mes travaux, mes recherches m'ont permis de remarquer que les récoltes *luxuriantes, avant et après l'hiver, étaient pauvres en grain, de même une tige élevée, a rarement un épi serré.* — Ce n'est qu'éclairé par l'observation et l'expérience, que j'ai compris pourquoi des avesties *d'aspect presque décourageant* au printemps donnaient souvent, quand l'état de la terre le permettait, des résultats inespérés.

C'est ainsi que j'ai eu lieu de reconnaître l'efficacité d'une coupe un peu sévère de blé en mai et même juin, comme d'un espacement un peu grand entre lignes ; l'importance de ces soins m'engage à revenir sur l'exemple déjà donné ; — il s'agit de l'hectare semé en blé, labouré, ensemencé suivant ma méthode, pour une partie :

Les lignes à 0ᵐ16, coupé à 0ᵐ50, a produit 30 hect. 95
     2°   à 0ᵐ16,   —   à 0ᵐ35,   —   41   —   50
     3°   à 0ᵐ32,   —   à 0ᵐ35,   —   48   —   80

Démonstration importante de ces trois opérations. — Pour l'espacement, je demande de 24 à 26 centimètres, j'indiquai 110 à 115 litres de semence par hectare ; des cultivateurs voisins, éclairés par mes essais, s'en tiennent de 80 à 90 litres, *cette économie en semence ne s'élève pas à moins de 30 fr. pour grain de 1ʳᵉ qualité ; supposons 25 fr. pour 7.000.000 d'hectares pour la France, 175,000.000 fr. pour une amélioration doublement avantageuse.*

En recommandant à nos cultivateurs un labour unique, peu profond (de 10 à 12 centimètres), c'est encore une économie qui sera applicable aux autres cultures ; ils aident à la formation de nombreuses radicelles qui, rapprochées de la superficie de la terre, puisent ainsi avec plus de facilité de l'atmosphère l'azote et les phosphates, éléments qui leur sont nécessaires ; les labours peu profonds et les sarclages aident à la nitrification de ces éléments restés inertes et facilitent ainsi leur assimilation avec les plantes. — Généralement sur une quantité d'azote donnée à la terre, 2/3 seulement ont une action utile ; une partie des 79 °/₀ d'azote de l'air atmosphérique peut être soutirée par les plantss ; les trèfles, les luzernes en sont très avides, c'est pourquoi ces plantes sont améliorantes.

Nous avons à faire remarquer combien une pensée heureuse, juste, peut être fertile en résultats ; ainsi, à Berthonval, en 1827, j'ai fait ensemencer du trèfle dans 70 hectares en avoine, ces terres étaient destinées à être en jachères l'année suivante ; il a réussi — ce n'était que 200 fr. de dépenses, ils ont produit 75,000 bottes de fourrages ; de plus, nos bêtes ont été nourries au vert durant 4 mois d'été. — Partie de la deuxième coupe, renfouie, a été, en outre, une demi-fumure pour partie de ces 70 hectares qui auraient dû être soignés, labourés presque sans profits, s'ils avaient été en jachère.

Ma découverte de la conservation de la pulpe de betteraves m'a également permis d'engraisser un grand nombre de bêtes qui consommaient par jour 800 kilog. tourteaux ; outre le bénéfice annuel de 14 à 15,000 fr., ils m'ont donné des quantités inappréciables d'excellent fumier qui enrichissaient nos terres.

Cependant, il est des personnss qui viennent dire que les bénéfices, les succès sont le produit du hasard ; paroles absurdes d'ignorants !... Comme si on aura de beaux blés, si la terre est sale et mal cultivée : aura-t-on de bonnes bêtes, sans soins, sans nourritures ?... autant dire qu'on peut avoir du blé sans en avoir snsemencé... laissons ces réponses : mais admettons des circonstances fâcheuses, comme l'intempérie des saisons, la grêle, une guerre, une révolution qui peuvent influer sur le succès d'une entreprise et faisons nos efforts pour y parer.

. Je crois avoir démontré que des bénéfices inespérés, incroyables, d'une réalisation cependant facile, sont offerts aux cultivateurs qui voudront profiter des indications, des moyens qui sont mis à leur disposition pour quintupler, sextupler leurs profits. — Pour cela — on leur demande : *non des dépenses nouvelles* ; *mais on leur propose des économies*, soit en simplifiant leurs travaux, soit en en indiquant de moins coûteux.

Lors de mon essai publié en 1879, année de triste récolte, mes voisins les plus heureux avaient obtenu 18 hectolitres par hectare, j'en eus 35, presque le double.

Cependant je n'accusai que 20 °/₀ en rendement supérieur, ce chiffre m'effrayait déjà.

Depuis, poussé par des déclarations plus élevées de quelques agronomes, qui avaient fait des essais suivant ma méthode, je dus accuser des chiffres exacts.

J'ai cité une récolte de blé faite en 1882, *après avoine*, terre abandonnée par le fermier; elle a produit 41 h. 50 l., vendus à 22 fr., 913 fr.; le rendement ordinaire était 20 à 22 hectolitres.

J'ai parlé de deux autres rendements élevés, l'un de 48 hectolitres, l'autre de 53 h. 85 : la valeur locative de la terre était de 80 à 100 fr. (1).

Avant de terminer, examinons encore si les procédés, les moyens à employer ont quelque chose d'anormal, s'il est difficile surtout de parvenir à nos résultats.

Les procédés à suivre offrent-ils quelques difficultés ?

D'abord, une culture sarclée ou des travaux superficiels, *un seul* labour au versoir de 10 à 12 centimètres — moins de force —

ÉCONOMIE

Au lieu de 210 à 240 litres de semence, 105 à 110 litres en blé de choix, économie de 25 fr. pour 7,000,000 hectares blé. . **175,000,000**

Les chiffres posés qui dépassent un milliard, sont-ils exagérés ?

Augmentation de rendement de 50 %, soit pour récolte ordinaire 50,000,000 (non en quintaux), mais en hectolitres à 20 fr. **1,000,000,000**

La conséquence de notre méthode sera des grains nourris, gros, valant 2 à 3 fr. de plus par hectolitre pour 100,000,000 hectolitres (2) **200,000,000**

Il est entendu que pour les cultures analogues, il en résultera des améliorations notables . . . **Mémoire**

N'y aurait-il pas économie pour la famille, les ouvriers.

Les lignes étant espacées de 23 à 26 centimètres, la terre sera moins fatiguée. **Mémoire**

Les ressources qui viendront s'accumuler par les bénéfices aideront pour d'autres améliorations . . . **Mémoire**

On devra s'attendre, il est vrai, à la diminution de prix pour le blé, mais la culture prendra de l'extension, le bétail en profitera ; ce sera de la viande, des bénéfices nouveaux et moins de dépenses en nourriture pour la famille, les domestiques, moins d'engrais à acheter, des fumiers nouveaux devant y suppléer. . . . . **Mémoire**

Nulle dépense nouvelle, économies sérieuses au contraire.

1,375,000,000

Il reste à se demander si la chose est faisable, si on pourra réaliser ces immenses bénéfices ? Qu'on apprécie

ressources immenses.

(1) Ce ne sont pas, nous le répétons, les meilleures terres qui produisent plus en blé, mais souvent une terre un peu forte, argileuse.

(2) J'ai compté des hectolitres au lieu de quintaux : c'est 25 0⁄0 en moins, l'élévation de la somme d'hectolitres devrait porter sur 125 et non sur 100 millions d'hectolitres.

mes réductions, je suis encore en dessous de la réalité !...
Ce sera donc moins de dépenses pour des bénéfices plus
élevés.

D'après des compte-rendus officiels, on sait que depuis
50 ans le produit en blé a doublé en France. Ne pourrait-
il pas être encore augmenté de moitié, si surtout, sans
avoir à ajouter au nombre des épis, par la qualité seule du
grain on y parvenait ?

Les Anglais, par hectare, ont un rendement moyen de
25 hectolitres.

Les Belges de 20 à 21 : ces pays ont plus de terres
sablonneuses que les nôtres ; ce ne sont pas celles favorables à la culture du blé ; il en est de même pour les plus
fertiles ; pour ces dernières, l'emploi de la faux serait
indispensable pour modérer une végétation trop active ;
les blés, comme les arbres fruitiers, redoutent les gour-
mands et surtout la verse, par la taille on remédie à l'un,
on empêche l'autre.

Pourquoi ne nous serait-il pas donné de parvenir aux
rendements obtenus non par des Anglais, mais par les
Belges, alors surtout que nos terres sont plus favorables
à cette production ?

Nous avons des terres nous donnant 40, 45 et 50 hectolitres ; pourquoi n'arriverions-nous pas à une moyenne de
20 ?... J'ai vu, dans le centre de la France, des terres
louées en ferme 30 et 40 francs l'hectare, donner 40 hectolitres de blé : espérons que mes recherches, ma méthode
contribueront à ces résultats. — Le blé, répétons-le,
n'exige pas des terres très fertiles ; elles le redoutent...

Nos cultivateurs, plus instruits, à l'aide de moyens nouveaux d'action, nous laissent l'espoir du succès. —
70 essais suivis cette année nous en donnent la certitude..

Avantages d'une culture bien conduite. Est-il une situation plus heureuse que celle d'un cultivateur qui ne ménage pas ses soins, ses peines, sa surveil-
lance intelligente pour l'exploitation de sa ferme ? Tout lui
tourne, dit-on ; — non-seulement on est empressé à le
servir, à exécuter ses ordres, mais aussi on le respecte ;
ses serviteurs, qui ont foi en sa capacité, ne négligent
rien pour l'exécution du travail, assurés qu'ils sont qu'il
a été médité, réfléchi... Aussi l'ordre règne partout et
chacun est heureux. Les enfants, suivant l'exemple de

tous, aiment et respectent leur père... Heureux ceux qui sont parvenus à de tels résultats !

J'ai connu une ferme ainsi régie où il était rare de voir remercier un domestique, il fallait une faute bien grave : mais comme au dehors on les croyait hommes modèles, on cherchait à se les approprier. — A leur sortie, les camarades ne manquaient pas de les plaisanter et de leur adresser des quolibets, disant qu'avant quelques mois ils viendraient solliciter une rentrée, ce qui arrivait presque toujours : lorsqu'on le pouvait, on les reprenait, ce qui était peu encourageant pour ceux qui les débauchaient, surtout quand ils les avaient entendu comparer la direction de leur exploitation à celle qu'ils avaient quittée, où la plupart des ouvriers y étaient depuis plus de 30 années : on comprend que, dans ces conditions, maître et ouvriers soient heureux de vivre et de veillir ensemble.

Il y a lieu de reconnaître l'avantage d'une exploitation importante : tout peut s'y traiter avec plus de méthode et d'économie ; les surveillants y sont suffisamment rétribués ou récompensés. — La saison est-elle menaçante ou difficile ; à l'aide d'un effort commun, l'obstacle a disparu : la division du travail admet un travail mieux fait et plus rapidement ; car il peut être réparti suivant la force ou l'intelligence nécessaire à l'ouvrier, l'assolement des terres même est plus facile.

Le chef, sûr de son personnel, voit ses ordres suivis avec empressement et exactitude, tous viennent ainsi aider à la prospérité de l'établissement à laquelle ils s'associent ; sachant qu'ils trouveront de l'aide dans les moments difficiles, ils se croient intéressés à entretenir l'ordre et à la bonne exécution des travaux, certains d'en profiter à un moment donné : s'il en est d'un peu lents, plus négligents, la somme de travail fait par leurs camarades les oblige à les imiter.

J'ai connu plusieurs exploitations où il en était ainsi : le maître, c'est le nom qu'on lui donne, quitte peu sa ferme, heureux au milieu des siens ; veillant à tout par lui-même, il voit ce qui se passe, il sait dire un mot d'encouragement à l'un, donner à un autre une marque de satisfaction et de confiance dont on est fier.

La direction et la surveillance, comme on le voit, sont douces et faciles, nombre de jeunes gens et de filles, dont les parents avaient 30 et 40,000 fr. de fortune, s'empressaient de terminer la besogne chez eux, pour travailler dans ces fermes ; rompus aux travaux des champs, ils s'y distinguaient par leur activité : c'était encore pour tous un motif d'émulation (1).

Je me complais dans ces souvenirs, ils sont bien doux pour moi et déjà anciens, puisque mes travaux de culture ont commencé en 1827; il me serait difficile d'y renoncer ; les sentiments qui me portent à en parler ici seront, j'en suis certain, partagés par de bons et excellents voisins.

On aura compris que, pour le succès de la culture du blé suivant ma méthode, il est indispensable *de suivre minutieusement les indications données ;* pour cela, je renverrai aux motifs, aux explications déjà développés. — Moins rigoureusement suivies en une bonne année, la différence de produits pourrait être moins sensible ; il en serait autrement si des temps contraires et une mauvaise saison advenaient. — Ne pas perdre de vue le but que nous nous proposons d'atteindre : nous répéterons :

Terre nette, égalité des tiges, peu de paille, pour produits abondants et meilleurs.

On aura donc une terre nette, que nous supposons en état convenable, ayant reçu une bonne fumure pour la culture précédente (2).

En avril, passer avec une houe à cheval prenant plusieurs lignes, pour extirper les mauvaises herbes, briser, diviser la superficie, afin de rendre le sol plus perméable, faciliter l'action des gaz atmosphériques, d'aider à l'évaporation de l'humidité surabondante, faire disparaître, ou plutôt éclaircir, par un travail à la main, les quelques parties du champ qui pourraient être trop touffues et déterminer la verse : les tiges, sans ce travail, auraient moins de rigidité, les épis moins de produit

En mai, abattre à la faux les extrémités de tiges qui offrent un excès de végétation ; renouveler, même en juin, cette opération, qui est des plus utiles et que je ne

La faux indispeusable pour ce que je dirai la taille des blés.

(1) Il est entendu que ces réflexions ne sont que pour une petite part en ce qui me concerne ; mais je dirai que j'ai eu une famille, dont la mère et cinq enfants, dont plusieurs ont été militaires, ont été occupés chez moi 145 ans ; une vingtaine d'autres plus de 30 ans chacun : ailleurs, souvent il en a été de même.

(2) Le chaulage est une opération essentielle qui dispense souvent de changement de semences, qui n'a pas sa raison d'être lorsque le grain est de bonne qualité ; pour ajouter à son énergie, l'addition du sel de cuisine (hydrochlorate de soude) est efficace.

saurais trop recommander ; elle tend surtout à arrêter l'extrémité des tiges qui s'élanceraient aux dépens de celles voisines, tout en ne donnant que des épis moins garnis : les talles fortes, bien nourries, devant seules donner des produits abondants ; nous ne les admettrons pas trop serrées, car l'une nuirait à l'autre, privée qu'elle serait de l'air nécessaire à son entretien et sa végétation qui doit rester modérée pour fructifier.

L'air, la lumière, la chaleur, partant l'espace, *sont indispensables à la respiration de toutes plantes aussi bien qu'aux arbres, elles ont besoin de l'air échauffé par le soleil pour entrer en végétation.*

Ainsi, il nous restera à suivre la *pousse* de nos blés, égale, régulière, *tempérée à l'aide de la faux,* ne nous offrant pas de tiges démesurées, s'étant emparées de la sève utile aux épis, mais fortes, trapues, riches en grains, bien nourries et *donnant du poids.*

Pour la coupe du blé, il faudra se garder d'attendre une maturité complète ; on devra les moissonner *quand la paille sera encore verdâtre,* sauf à l'extrémité de la tige, l'enveloppe du grain en sera plus fine, la farine plus abondante, *le grain aura plus de poids.*

Cette méthode est le fruit de 15 années de recherches et d'observations ; par des soins, j'avais antérieurement amélioré nos récoltes. — Lorsque j'eus reconnu les causes de la diminution des produits, des recherches, des soins nouveaux m'ont permis, en augmentant la production du blé, de faciliter les autres cultures. — Notre méthode enrichira nos cultivateurs, donnera du pain à l'ouvrier, tranquillité, satisfaction à nos propriétaires, *à la France plus de 1 milliard par an.*

X. Pinta, *(près Arras)*